工程质量提升与管理创新系列丛书
·建筑与市政工程施工现场专业人员能力提升培训教材·

建筑结构工程管理
（施工员、质量员适用）

中国建筑业协会　组织编写

中铁建设集团有限公司　主　编

中国建筑工业出版社

图书在版编目（CIP）数据

建筑结构工程管理：施工员、质量员适用 / 中国建筑业协会组织编写；中铁建设集团有限公司主编. -- 北京：中国建筑工业出版社，2025.5. --（工程质量提升与管理创新系列丛书）（建筑与市政工程施工现场专业人员能力提升培训教材）. -- ISBN 978-7-112-31011-1

Ⅰ．TU3

中国国家版本馆CIP数据核字第2025H83W27号

本教材以岗位职责为基础，以工序为线索，突出问题导向，具体包含基础篇、提升篇、创新篇等内容。通过对教材的学习，可了解建筑与市政工程施工现场专业人员应具备的基本素养、各施工阶段的工作流程、各施工阶段的管控重难点。同时，教材还围绕工业化、数字化、绿色化等行业发展方向，选取了比较成熟的、经济适用、能够体现先进性且推广价值高的创新应用，以帮助学员在实际工作中进一步提升工作能力。

丛书策划：高延伟　李　杰　葛又畅
责任编辑：葛又畅
责任校对：赵　力

工程质量提升与管理创新系列丛书
·建筑与市政工程施工现场专业人员能力提升培训教材·
建筑结构工程管理
（施工员、质量员适用）
中国建筑业协会　组织编写
中铁建设集团有限公司　主　编
*
中国建筑工业出版社出版、发行（北京海淀三里河路9号）
各地新华书店、建筑书店经销
北京鸿文瀚海文化传媒有限公司制版
北京圣夫亚美印刷有限公司印刷
*

开本：787毫米×1092毫米 1/16　印张：14$\frac{1}{4}$　字数：276千字
2025年4月第一版　2025年4月第一次印刷
定价：59.00元
ISBN 978-7-112-31011-1
（42907）

版权所有　翻印必究
如有印装质量问题，可与本社图书出版中心联系
电话：（010）58337283　QQ：2885381756
（地址：北京海淀三里河路9号中国建筑工业出版社604室　邮政编码 100037）

丛书指导委员会

主　　任：齐　骥

副 主 任：吴慧娟　刘锦章　朱正举　岳建光　景　万

丛书编委会

主　　任：景　万　高延伟

副 主 任：钱增志　张晋勋　金德伟　陈　浩　陈硕晖

委　　员：（按姓氏笔画排序）

上官越然　马　鸣　王　喆　王凤起　王超慧　包志钧
冯　淼　邢作国　刘润林　安云霞　孙肖琦　李　杰
李　康　李　超　李　慧　李太权　李兰贞　李思琦
李崇富　张选兵　赵云波　胡　洁　查　进　徐　晗
徐卫星　徐建荣　高　彦　隋伟旭　葛又畅　董丹丹
董年才　程树青　温　军　熊晓明　燕斯宁

本书编委会

主　　编：钱增志

副 主 编：李长勇　韩　锋　王　硕

参编人员：李海龙　赵天野　刘怀宇　郑　浩　杨九光　刘　健
　　　　　刘洋洋　韩喜旺　马　杰　毛长江

出版说明

建筑与市政工程施工现场专业人员（以下简称施工现场专业人员）是工程建设项目现场技术和管理关键岗位的重要专业技术人员，其人员素质和能力直接影响工程质量和安全生产，是保障工程安全和质量的重要因素。为进一步完善施工现场专业人员能力体系，提高工程施工效率，切实保证工程质量，中国建筑业协会、中国建筑工业出版社联合组织行业龙头企业、地方学协会等共同编写了本套丛书，按岗位编写，共18个分册。为了高质量编写好本套丛书，成立了编写委员会，从2022年8月启动，先后组织了四次编写和审定会议，大家集思广益，几易其稿，力争内容适度，技术新颖，观点明确，符合施工现场专业技术人员能力提升需要。

各分册包括基础篇、提升篇和创新篇等内容。其中，基础篇介绍了岗位人员基本素养及工作流程，描述了本岗位应知、应会的知识；提升篇聚焦工作中常见的、易忽略的重（难）点问题，提出了前置防范措施和问题发生后的解决方案，实际指导施工现场工作；创新篇围绕工业化、数字化、绿色化等行业发展方向，展示了本岗位领域较为成熟、经济适用且推广价值高的创新应用。整套教材突出实用性和适用性，力求反映施工一线对施工现场专业人员的能力要求。在编写和出版形式上，对重要的知识难点或核心知识点，采用图文并茂的方式来呈现，方便读者学习和阅读，提高本套丛书的可读性和趣味性。

期望本套丛书的出版，能促进从业人员能力素质提升，助力住房和城乡建设事业实现高质量发展。编写过程中，难免有不足之处，敬请各培训机构、教师和广大学员，多提宝贵意见，以便进一步修订完善。

前言

本教材旨在满足广大建筑与市政工程施工现场专业人员能力提升的需求。教材中汇总了最新的研究成果和实践经验，聚焦于构建一个系统且完整的学习框架，以确保学员对施工过程中的关键概念和技能进行全面掌握。

通过对本教材的学习，可了解建筑与市政工程项目管理人员应具备的基本素养、各施工阶段的工作流程、各施工阶段的管控重难点。同时，教材还围绕工业化、数字化、绿色化等行业发展方向，选取了比较成熟的、经济适用、能够体现先进性且推广价值高的创新应用，以帮助学员在实际工作中进一步提升工作能力。

希望本教材能够成为学员职业道路上的"忠实伴侣"，为大家提供更深入的知识服务和实践指导，愿大家在学习和工作中获得丰硕的成果。

目录

基础篇

第1章 基本素养 — 002
- 1.1 统一要求 — 002
- 1.2 工作职责 — 002
- 1.3 专业技能 — 004
- 1.4 专业知识 — 005
- 1.5 安全生产与绿色施工 — 006

第2章 工作流程 — 011
- 2.1 地基与基础 — 011
- 2.2 主体结构 — 017

提升篇

第3章 地基与基础工程 — 028
- 3.1 土方工程 — 028
- 3.2 基坑支护工程 — 037
- 3.3 地基基础工程 — 059
- 3.4 地下防水工程 — 100

第4章 主体结构工程 — 111
- 4.1 混凝土结构工程 — 111
- 4.2 砌体结构工程 — 156
- 4.3 钢结构工程 — 164

创新篇

第 5 章　建筑结构工程技术创新　　200

5.1　土方平衡利用无人机三维建模计算技术 ……… 200
5.2　绿色装配式边坡支护施工技术 ……… 201
5.3　预拌流态固化土施工技术 ……… 202
5.4　工具式悬挂马道技术 ……… 203
5.5　桩基桩头环形千斤顶无损伤破除施工技术 ……… 204
5.6　工程桩自平衡检测施工技术 ……… 206
5.7　钢管桩安装垂直控制施工技术 ……… 207
5.8　工程桩钢筋笼机械加工施工技术 ……… 208
5.9　叠合板与铝模现浇板带一体化凹型衔接施工技术 ……… 209
5.10　塔式起重机自平衡及垂直度观测施工技术 ……… 211
5.11　桥梁墩柱盖梁穿心棒支撑施工技术 ……… 212
5.12　钢筋锚固板施工技术 ……… 213
5.13　废旧木胶合板再生复合木方龙骨施工技术 ……… 214
5.14　混凝土自动化喷淋养护施工技术 ……… 215
5.15　构造柱腰梁免支模施工技术 ……… 216

基础篇

第1章 基本素养

1.1 统一要求

施工员、质量员应在职业资历、岗位基本能力、组织管理能力、专业技术能力、职业道德素养、学习能力等方面满足项目建设管理的需要。

职业资历：包括学历、职称、工龄等。学历是指履行岗位职责所要求的最低文化水平；职称是指履行岗位职责所要求的最低专业技术或管理职务；工龄是指能胜任岗位所需要的工作经历。

岗位基本能力：语言表达能力，观察判断能力，沟通能力，计算机应用能力，获取信息能力，改进、创新能力，自主学习能力等。不同岗位对其有不同能力标准要求。

组织管理能力：决策能力，计划能力，组织能力，控制能力，协调能力，指挥能力，执行能力，分析能力等。不同岗位对其有不同能力标准要求。

专业技术能力：专业技术基础能力，施工技术应用能力，解决工程项目施工技术难题的能力。

职业道德：有大局意识，团结协作精神，作风正派，廉洁自律，坚持原则，秉公办事。

学习能力：熟悉国家有关的方针、政策、法律、法规、规范标准和企业规章制度。有及时、果断处理突发事件和各种复杂问题的能力。

1.2 工作职责

施工员、质量员在建筑结构施工过程中承担着技术、质量、安全、施工组织等管理职责，贯穿施工全过程，包括组织准备、技术准备、样板策划、组织实施、过程管理、竣工验收、移交维保等相关工作，其能力的大小和管理水平的高低，直接影响工程的质量。

建筑结构工程施工员担负着作业层施工各项技术和管理工作。在整个施工管理过程中,工作内容包括审图,编制施工方案、施工进度计划、施工预算、材料及机具计划,技术交底,技术措施及安全文明施工措施、环保卫生措施的制定,新技术、新材料、新工艺、新机具的推广,施工过程的质量检查及验收,合理安排、科学组织施工作业劳动力的调配,搞好经济核算、降低成本、实现项目工程质量、工期以及经济效益等各项经济技术指标。

建筑结构工程质量员是工程施工质量标准的把关人和验收者,其业务水平和工作能力对工程质量有直接的影响。建筑结构工程质量员在建筑工程施工现场从事施工质量策划、过程控制、检查、监督和验收等工作。

一名合格的施工员、质量员只有熟悉自己的工作职责,具备一定的专业技能和专业知识,具有良好的职业素养和道德水准,具备工作的主动性和责任心,吃苦耐劳,才能把项目全过程的管理工作顺利完成。

1.2.1 施工员

项次	分类	工作职责
1	施工组织策划	(1)参与施工组织管理策划。 (2)参与制定管理制度
2	施工技术管理	(3)参与图纸会审、技术核定。 (4)负责施工作业班组的技术交底。 (5)负责组织测量放线、参与技术复核
3	施工进度成本控制	(6)参与制定并调整施工进度计划、施工资源需求计划,编制施工作业计划。 (7)参与做好施工现场组织协调工作,合理调配生产资源;落实施工作业计划。 (8)参与现场经济技术签证、成本控制及成本核算。 (9)负责施工平面布置的动态管理
4	质量安全环境管理	(10)参与质量、环境与职业健康安全的预控。 (11)负责施工作业的质量、环境与职业健康安全过程控制,参与隐蔽、分项、分部和单位工程的质量验收。 (12)参与质量、环境与职业健康安全问题的调查,提出整改措施并监督落实
5	施工信息资料管理	(13)负责编写施工日志、施工记录等相关施工资料。 (14)负责汇总、整理和移交施工资料

1.2.2 质量员

项次	分类	工作职责
1	质量计划准备	(1)参与进行施工质量策划。 (2)参与制定质量管理制度

续表

项次	分类	工作职责
2	材料质量控制	（3）参与材料、设备的采购。 （4）负责核查进场材料、设备的质量保证资料，监督进场材料的抽样复验。 （5）负责监督、跟踪施工试验，负责计量器具的符合性审查
3	工序质量控制	（6）参与施工图会审和施工方案审查。 （7）参与制定工序质量控制措施。 （8）负责工序质量检查和关键工序、特殊工序的旁站检查，参与交接检验、隐蔽验收、技术复核。 （9）负责检验批和分项工程的质量验收、评定，参与分部工程和单位工程的质量验收、评定
4	质量问题处置	（10）参与制定质量通病预防和纠正措施。 （11）负责监督质量缺陷的处理。 （12）参与质量事故的调查、分析和处理
5	质量资料管理	（13）负责质量检查的记录，编制质量资料。 （14）负责汇总、整理、移交质量资料

1.3 专业技能

1.3.1 施工员

项次	分类	专业技能
1	施工组织策划	（1）能够参与编制施工组织设计和专项施工方案
2	施工技术管理	（2）能够识读施工图和其他工程设计、施工等文件。 （3）能够编写技术交底文件，并实施技术交底。 （4）能够正确使用测量仪器，进行施工测量
3	施工进度成本控制	（5）能够正确划分施工区段，合理确定施工顺序。 （6）能够进行资源平衡计算，参与编制施工进度计划及资源需求计划，控制调整计划。 （7）能够进行工程量计算及初步的工程计价
4	质量安全环境管理	（8）能够确定施工质量控制点，参与编制质量控制文件、实施质量交底。 （9）能够确定施工安全防范重点，参与编制职业健康安全与环境技术文件、实施安全和环境交底。 （10）能够识别、分析、处理施工质量缺陷和危险源。 （11）能够参与施工质量、职业健康安全与环境问题的调查分析
5	施工信息资料管理	（12）能够记录施工情况，编制相关工程技术资料。 （13）能够利用专业软件对工程信息资料进行处理

1.3.2 质量员

项次	分类	专业技能
1	质量计划准备	（1）能够参与编制施工项目质量计划
2	材料质量控制	（2）能够评价材料、设备质量。 （3）能够判断施工试验结果
3	工序质量控制	（4）能够识读施工图。 （5）能够确定施工质量控制点。 （6）能够参与编写质量控制措施等质量控制文件，并实施质量交底。 （7）能够进行工程质量检查、验收、评定
4	质量问题处置	（8）能够识别质量缺陷，并进行分析和处理。 （9）能够参与调查、分析质量事故，提出处理意见
5	质量资料管理	（10）能够编制、收集、整理质量资料

1.4 专业知识

1.4.1 施工员

项次	分类	专业知识
1	通用知识	（1）熟悉国家工程建设相关法律法规。 （2）熟悉工程材料的基本知识。 （3）掌握施工图识读、绘制的基本知识。 （4）熟悉工程施工工艺和方法。 （5）熟悉工程项目管理的基本知识
2	基础知识	（6）熟悉相关专业的力学知识。 （7）熟悉建筑构造、建筑结构和建筑设备的基本知识。 （8）熟悉工程预算的基本知识。 （9）掌握计算机和相关资料信息管理软件的应用知识。 （10）熟悉施工测量的基本知识
3	岗位知识	（11）熟悉与本岗位相关的标准和管理规定。 （12）掌握施工组织设计及专项施工方案的内容和编制方法。 （13）掌握施工进度计划的编制方法。 （14）熟悉环境与职业健康安全管理的基本知识。 （15）熟悉工程质量管理的基本知识。 （16）熟悉工程成本管理的基本知识。 （17）了解常用施工机械机具的性能

1.4.2 质量员

项次	分类	专业知识
1	通用知识	（1）熟悉国家工程建设相关法律法规。 （2）熟悉工程材料的基本知识。 （3）掌握施工图识读、绘制的基本知识。 （4）熟悉工程施工工艺和方法。 （5）熟悉工程项目管理的基本知识
2	基础知识	（6）熟悉相关专业力学知识。 （7）熟悉建筑构造、建筑结构和建筑设备的基本知识。 （8）熟悉施工测量的基本知识。 （9）掌握抽样统计分析的基本知识
3	岗位知识	（10）熟悉与本岗位相关的标准和管理规定。 （11）掌握工程质量管理的基本知识。 （12）掌握施工质量计划的内容和编制方法。 （13）熟悉工程质量控制的方法。 （14）了解施工试验的内容、方法和判定标准。 （15）掌握工程质量问题的分析、预防及处理方法

1.5 安全生产与绿色施工

随着人类社会的进步和科技发展，职业健康安全与环境的问题越来越受到关注。由于建设工程具有规模大、周期长、参与人数多、环境复杂多变、安全生产管理难度大、耗能较高等特点，为保证劳动者在劳动过程中的健康安全和保护人类环境，施工员、质量员应熟悉相关法律法规知识，能够编制分部分项工程安全技术措施和绿色施工专项技术措施，减少和消除生产过程中的安全事故，保证人员健康安全和财产免受损失；最大限度地节约资源，减少对环境的负面影响，实现节能、节材、节水、节地和环境保护（"四节一环保"）。

1.5.1 安全生产

1. 常用法律、法规和标准

《建设工程安全生产管理条例》（国务院令第393号）
《建筑施工安全检查标准》JGJ 59—2011
《建筑与市政施工现场安全卫生与职业健康通用规范》GB 55034—2022

2. 常见安全事故

按照我国《企业职工伤亡事故分类》GB 6441—1986规定，职业伤害事故分为

20类，其中与建筑业有关的有以下12类：物体打击、车辆伤害、机械伤害、起重伤害、触电、灼烫、火灾、高处坠落、坍塌、火药爆炸、中毒和窒息、其他伤害。

以上12类职业伤害事故中，在建设工程领域中最常见的是高处坠落、物体打击、机械伤害、触电、坍塌、中毒和窒息、火灾。

3. 施工安全技术措施

施工安全技术措施必须在工程开工前制定，施工安全技术措施是施工组织设计的重要组成部分，应在工程开工前与施工组织设计一同编制。为保证各项安全设施的落实，在工程图纸会审时，就应特别注意考虑安全施工的问题，并在开工前制定好安全技术措施，使得用于该工程的各种安全设施有较充分的时间进行采购、制作和维护等准备工作。

4. 专项方案、季节性施工和交底

为确保单位工程或分部分项工程的施工安全，依据《危险性较大的分部分项工程安全管理规定》（住房和城乡建设部令第37号），应对危险性较大的分部分项工程编制专项施工方案，超过一定规模的危险性较大的分部分项工程专项施工方案应组织专家论证。

季节性施工安全技术措施，就是考虑不同季节的气候对施工生产带来的不安全因素可能造成的各种突发性事故，从技术上、管理上采取的防护措施。一般工程可在施工组织设计或施工方案的安全技术措施中编制季节性施工安全技术措施；危险性大、高温期长的工程，应单独编制季节性施工安全技术措施。

安全技术交底是一项技术性很强的工作，对于贯彻设计意图、严格实施技术方案、按图施工、循规操作、保证施工质量和施工安全至关重要。

安全技术交底主要内容如下：

（1）工程项目和分部分项工程的概况。
（2）本施工项目的施工作业特点和危险点。
（3）针对危险点的具体预防措施。
（4）作业中应遵守的安全操作规程以及应注意的安全事项。
（5）作业人员发现事故隐患应采取的措施。
（6）发生事故后应及时采取的避难和急救措施。

5. 应急预案

由于施工安全技术措施是在相应的工程施工实施之前制定的，所涉及的施工条件和危险情况大多是建立在可预测的基础上。而建设工程施工过程是相对开放的过程，在施工期间的变化是经常发生的，还可能出现预测不到的突发事件或灾害（如地震、火灾、台风、洪水等），所以，施工技术措施计划必须包括面对突发事件或紧急状态的各种应急措施、人员逃生和救援预案，以便在紧急情况下，能及时启动应急预案，减少损失，保护人员安全。

1.5.2 绿色施工

绿色施工是指在保证质量、安全等基本要求的前提下，通过科学管理和技术进步，最大限度地节约资源，减少对环境的负面影响，实现节能、节材、节水、节地和环境保护（"四节一环保"）的建筑工程施工活动。

1. 常用规范和标准

《建筑与市政工程绿色施工评价标准》GB/T 50640—2023
《建筑工程绿色施工规范》GB/T 50905—2014

2. "四节一环保"具体要求

（1）节材及材料利用应符合下列规定

① 应根据施工进度、材料使用时点、库存情况等制订材料的采购和使用计划。

② 现场材料应堆放有序，并满足材料储存及质量保持的要求。

③ 工程施工使用的材料宜选用距施工现场500km以内生产的建筑材料。

（2）节水及水资源利用应符合下列规定

① 现场应结合给水排水点位置进行管线线路和阀门预设位置的设计，并采取管网和用水器具防渗漏的措施。

② 施工现场办公区、生活区的生活用水应采用节水器具。

③ 宜建立雨水、中水或其他可利用水资源的收集利用系统。

④ 应按生活用水与工程用水的定额指标进行控制。

⑤ 施工现场喷洒路面、绿化浇灌不宜使用自来水。

（3）节能及能源利用应符合下列规定

① 应合理安排施工顺序及施工区域，减少作业区机械设备数量。

② 应选择功率与负荷相匹配的施工机械设备，机械设备不宜低负荷运行，不宜采用自备电源。

③ 应制定施工能耗指标，明确节能措施。

④ 应建立施工机械设备档案和管理制度，机械设备应定期保养维修。

⑤ 生产、生活、办公区域及主要机械设备宜分别进行耗能、耗水及排污计量，并做好相应记录。

⑥ 应合理布置临时用电线路，选用节能器具，采用声控、光控和节能灯具；照明照度宜按最低照度设计。

⑦ 宜利用太阳能、地热能、风能等可再生能源。

⑧ 施工现场宜错峰用电。

（4）节地及土地资源保护应符合下列规定

① 应根据工程规模及施工要求布置施工临时设施。

② 施工临时设施不宜占用绿地、耕地以及规划红线以外场地。

③ 施工现场应避让、保护场区及周边的古树名木。

（5）环境保护

① 施工现场扬尘控制应符合下列规定

施工现场宜搭设封闭式垃圾站。

细散颗粒材料、易扬尘材料应封闭堆放、存储和运输。

施工现场出口应设冲洗池，施工场地、道路应采取定期洒水抑尘措施。

土石方作业区内扬尘目测高度应小于1.5m，结构施工、安装、装饰装修阶段目测扬尘高度应小于0.5m，不得扩散到工作区域外。

施工现场使用的热水锅炉等宜使用清洁燃料。不得在施工现场融化沥青或焚烧油毡、油漆以及其他产生有毒、有害烟尘和恶臭气体的物质。

② 噪声控制应符合下列规定

施工现场宜对噪声进行实时监测；施工场界环境噪声排放昼间不应超过70dB（A），夜间不应超过55dB（A）。噪声测量方法应符合现行国家标准《建筑施工场界环境噪声排放标准》GB 12523—2011的规定。

施工过程宜使用低噪声、低振动的施工机械设备，对噪声控制要求较高的区域应采取隔声措施。

施工车辆进出现场，不宜鸣笛。

③ 光污染控制应符合下列规定

应根据现场和周边环境采取限时施工、遮光和全封闭等避免或减少施工过程中光污染的措施。

夜间室外照明灯应加设灯罩，光照方向应集中在施工范围内。

在光线作用敏感区域施工时，电焊作业和大型照明灯具应采取防光外泄措施。

④ 水污染控制应符合下列规定

污水排放应符合现行国家标准《污水排入城镇下水道水质标准》GB/T 31962—2015的有关要求。

使用非传统水源和现场循环水时，宜根据实际情况对水质进行检测。

施工现场存放的油料和化学溶剂等物品应设专门库房，地面应作防渗漏处理。废弃的油料和化学溶剂应集中处理，不得随意倾倒。

易挥发、易污染的液态材料，应使用密闭容器存放。

施工机械设备使用和检修时，应控制油料污染；清洗机具的废水和废油不得直接排放。

食堂、盥洗室、淋浴间的下水管线应设置过滤网，食堂应另设隔油池。

施工现场宜采用移动式厕所，并定期清理。固定厕所应设化粪池。

隔油池和化粪池应作防渗处理，并应进行定期清运和消毒。

⑤ 施工现场垃圾处理应符合下列规定

垃圾应分类存放、按时处置。

应制定建筑垃圾减量计划，建筑垃圾的回收利用应符合现行国家标准《工程施工废弃物再生利用技术规范》GB/T 50743—2012的规定。

有毒有害废弃物的分类率应达到100%；对有可能造成二次污染的废弃物应单独储存，并设置醒目标识。

现场清理时，应采用封闭式运输，不得将施工垃圾从窗口、洞口、阳台等处抛撒。

⑥ 施工使用的乙炔、氧气、油漆、防腐剂等危险品、化学品的运输和储存应采取隔离措施。

第2章 工作流程

2.1 地基与基础

2.1.1 土方工程

1. 土方开挖施工

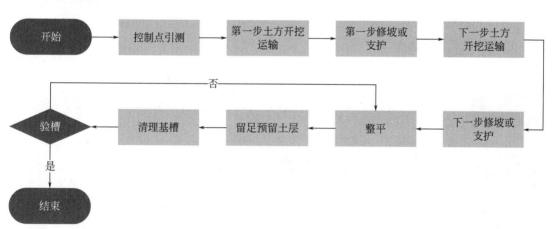

2. 土方回填施工

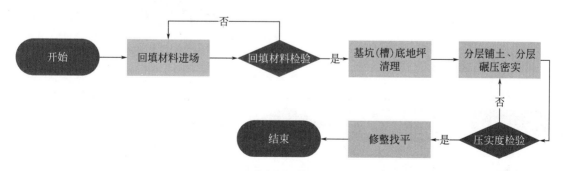

2.1.2 基坑支护工程

1. 围护桩施工

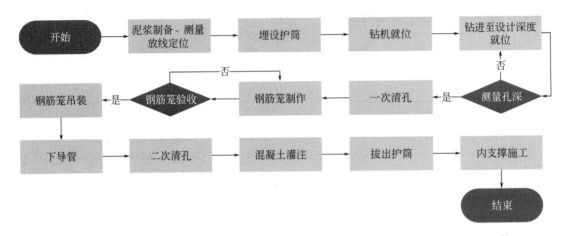

2. 地下连续墙施工

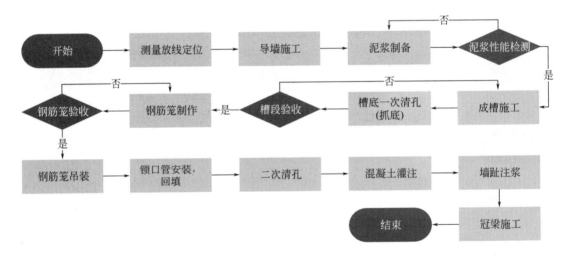

3. 土钉墙施工

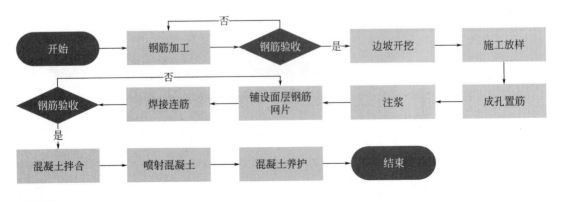

4. 钢或混凝土支撑施工
（1）钢支撑施工

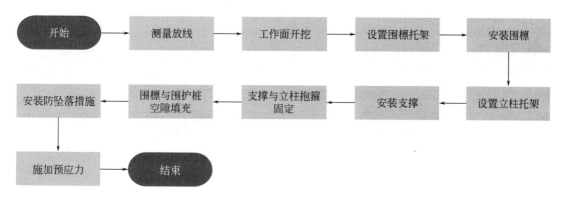

（2）混凝土支撑施工

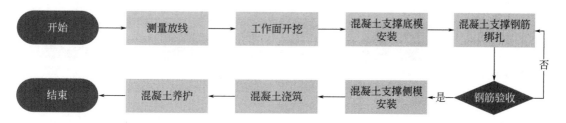

5. 锚杆（索）施工

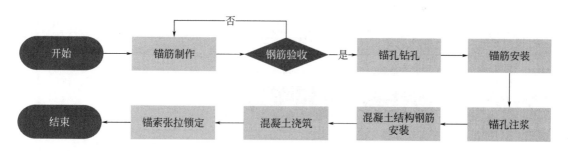

6. 降水与排水施工

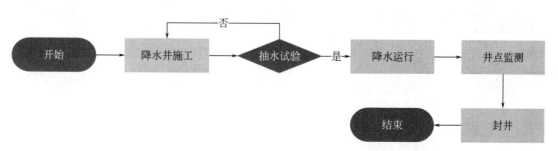

2.1.3 地基基础工程

1. 灰土地基施工

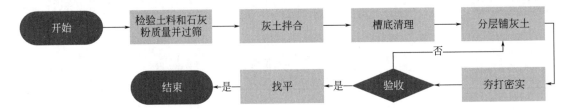

2. 砂和砂石地基施工

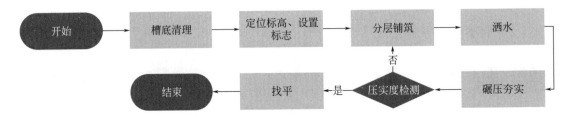

3. 强夯地基施工

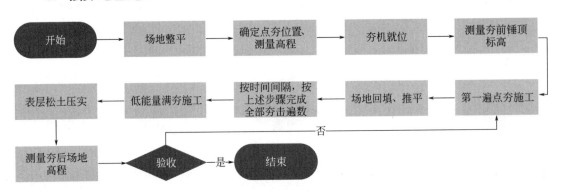

4. 水泥粉煤灰碎石桩复合地基施工

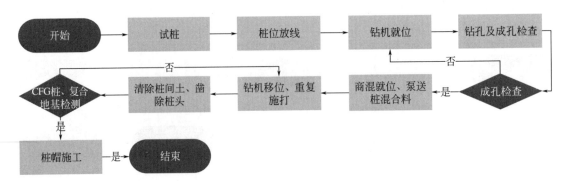

5. 水泥（喷浆）搅拌桩施工

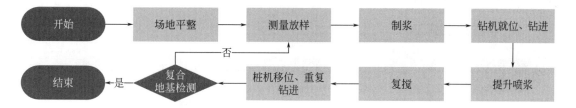

6. 泥浆护壁混凝土灌注桩施工

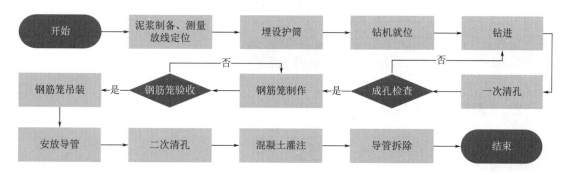

7. 人工挖孔桩施工

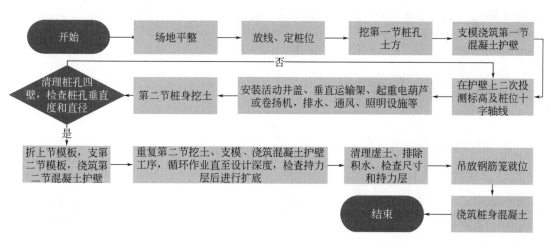

8. 先张法预应力管桩施工

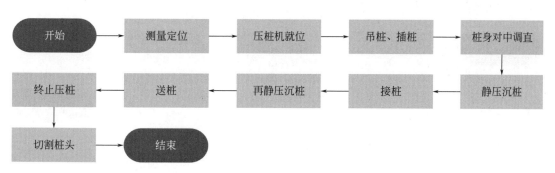

2.1.4 地下防水工程

1. 卷材防水施工

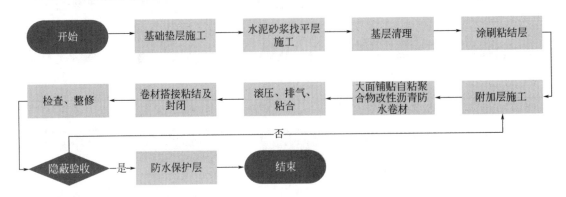

2. 涂料防水施工

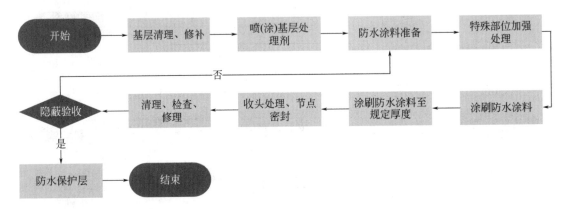

3. 细部构造防水施工

（1）变形缝施工

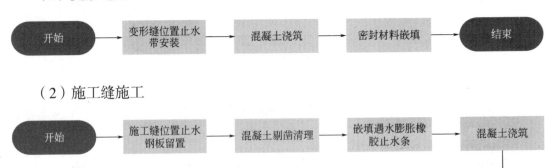

（2）施工缝施工

（3）后浇带施工

（4）穿墙管施工

（5）桩头防水施工

2.2 主体结构

2.2.1 混凝土结构工程

1. 钢筋施工

（1）钢筋加工施工

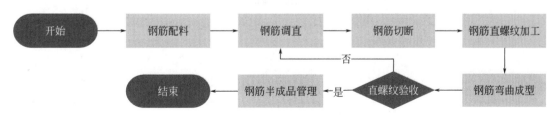

(2)基础钢筋安装施工

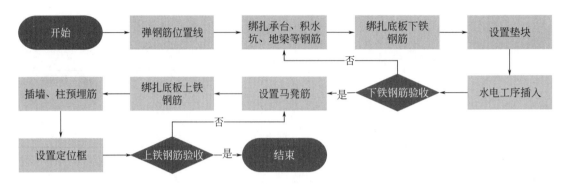

(3)柱钢筋安装施工

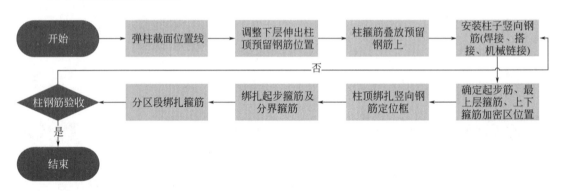

(4)梁钢筋安装施工

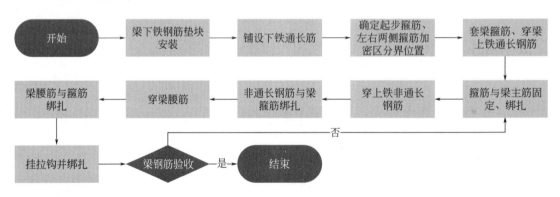

(5)剪力墙钢筋安装施工

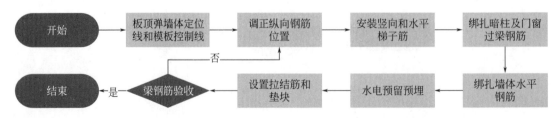

(6) 楼板钢筋安装施工

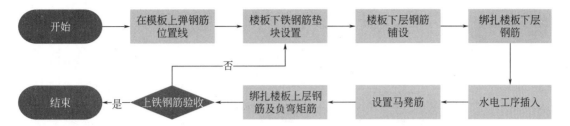

2. 模板施工

(1) 柱模板施工

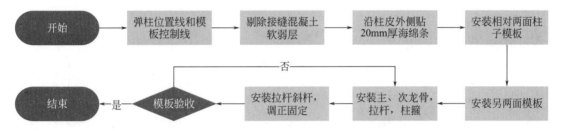

(2) 剪力墙模板施工

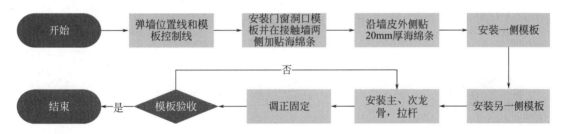

(3) 梁模板施工

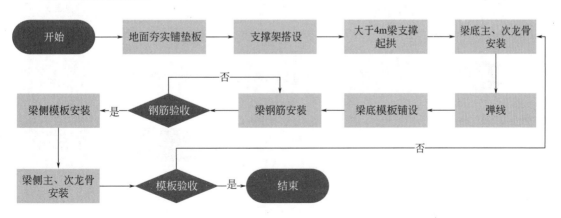

（4）楼板模板施工

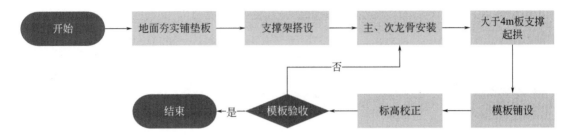

3. 混凝土施工

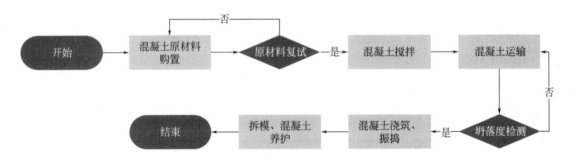

4. 预应力

（1）无粘结预应力施工工艺

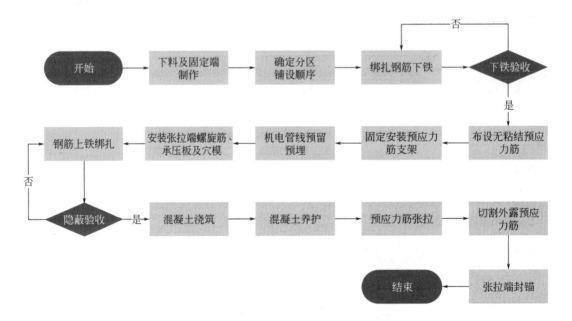

（2）有粘结预应力施工工艺

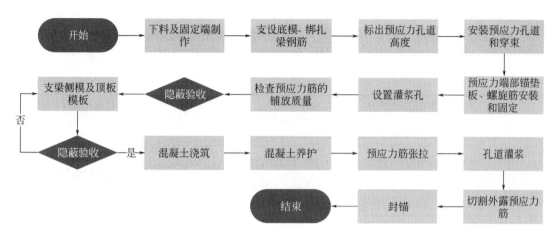

5. 装配式结构

（1）转换层预埋

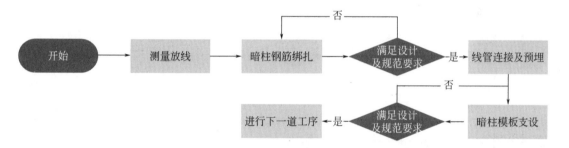

（2）预制墙板

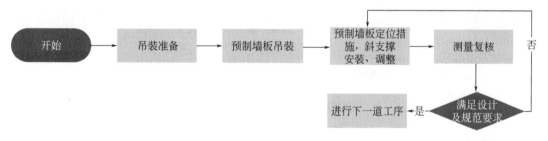

（3）现浇暗柱

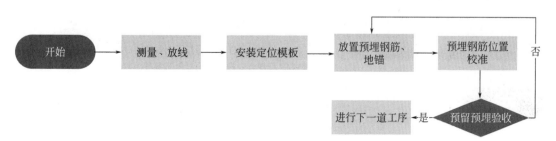

（4）预制叠合楼板

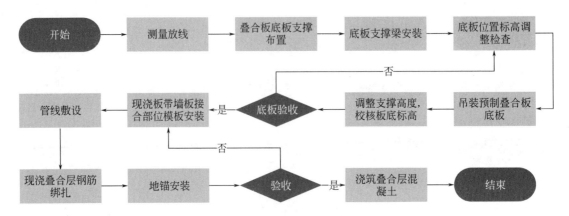

（5）预制墙体常温灌浆

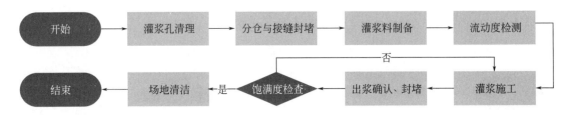

（6）预制楼梯

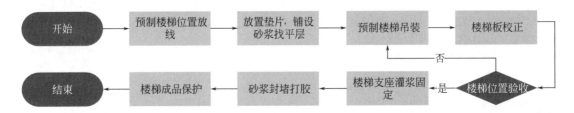

6. 钢管/型钢混凝土结构

（1）预埋件安装施工

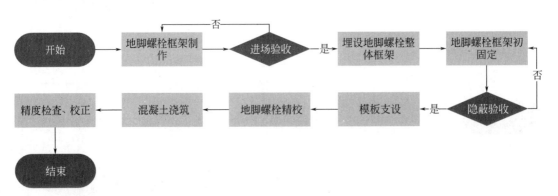

（2）钢管/型钢混凝土柱施工

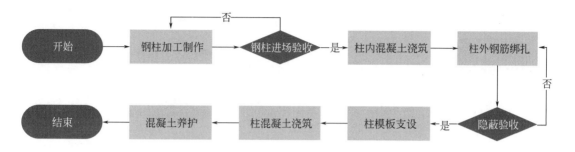

（3）型钢混凝土梁施工

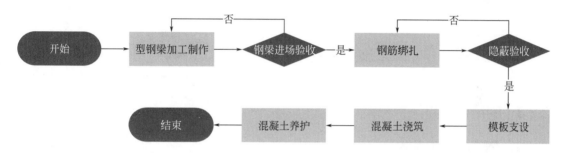

2.2.2 砌体结构工程

1. 蒸压加气块砌体

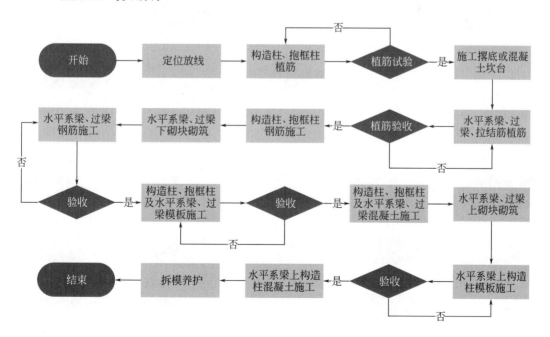

2. 混凝土小型空心砌块砌体

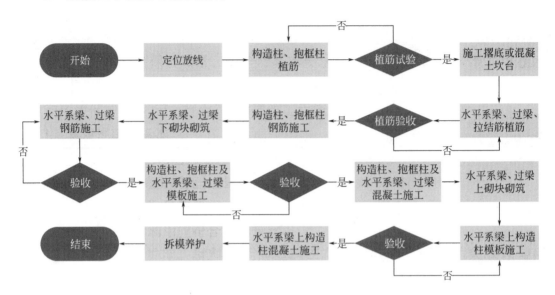

2.2.3 钢结构工程

1. 钢结构加工制作

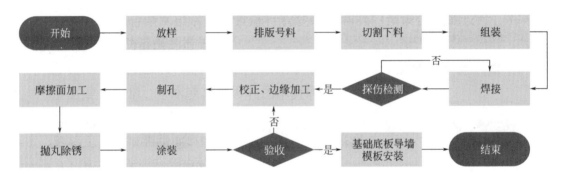

2. 单层钢结构安装

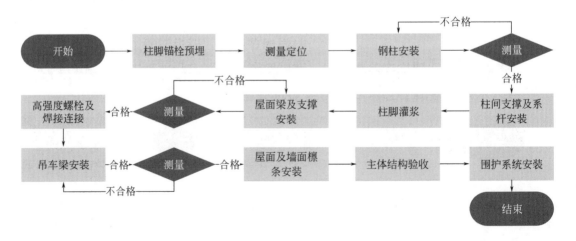

3. 多层与高层钢结构安装

（1）高空散装施工工艺流程

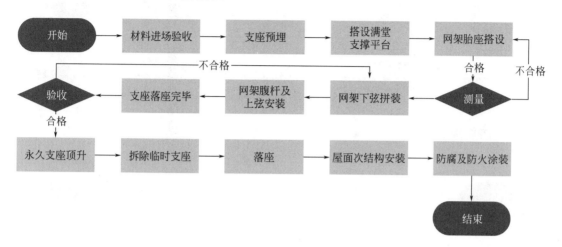

（2）网架提升、顶升工艺流程

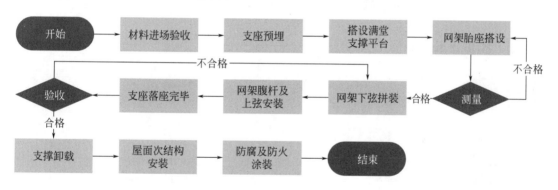

（3）桁架结构常规施工工艺流程

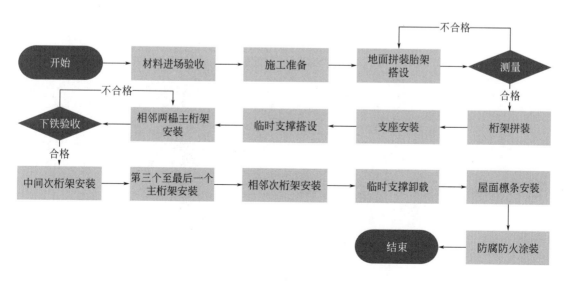

4. 压型金属板安装

5. 防腐涂料涂装

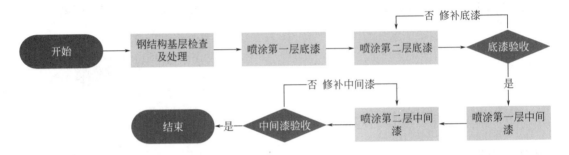

6. 防火涂料涂装

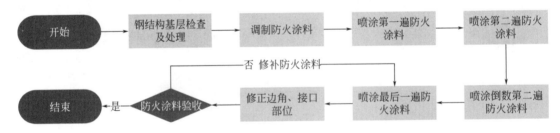

提升篇

建工社重磅福利

购买我社
正版图书
扫码关注
一键兑换
普通会员

|兑换方式|
刮开纸质图书所贴增值贴涂层
扫码关注
（增值贴示意图见下）

点击
[会员服务]
选择
[兑换增值服务]
进行兑换

新人礼包免费领

第3章 地基与基础工程

3.1 土方工程

3.1.1 土方开挖

◎**工作难点1：** 边坡坡度不满足设计要求（图3-1-1～图3-1-2）。

图3-1-1 未进行放坡开挖

图3-1-2 边坡未及时进行整修、防护

解析

边坡坡度不满足设计要求，没有根据土的特性分不同坡度放坡，致使边坡失去稳定而造成塌方，导致机械倾覆及人员伤亡事故发生。

（1）应符合以下规定

① 当场地条件允许，并经验算能保证边坡稳定性时，可采用放坡开挖，多级放坡时应同时验算各级边坡和多级边坡的整体稳定性，坡脚附近有局部坑内深坑时，应按深坑深度验算边坡稳定性。

② 应根据土层性质、开挖深度、荷载等通过计算确定坡体坡度、放坡平台宽

度。多级放坡开挖的基坑,坡间放坡平台宽度不宜小于3.0m。

③ 无截水帷幕放坡开挖基坑采取降水措施的,降水系统宜设置在单级放坡基坑的坡顶,或多级放坡基坑的放坡平台、坡顶。

④ 坡体表面可根据基坑开挖深度、基坑暴露时间、土质条件等情况采取护坡措施。护坡可采用水泥砂浆、挂网砂浆、混凝土、钢筋混凝土等方式,也可采用压坡法。

⑤ 边坡位于浜填土区域,应采用土体加固等措施后方可进行放坡开挖。

⑥ 放坡开挖基坑的坡顶及放坡平台的施工荷载应符合设计要求。

(2)正确做法(图3-1-3~图3-1-6)

图3-1-3 路堑开挖

图3-1-4 边坡修整

图3-1-5 宽度检测

图3-1-6 坡度检测

◎ **工作难点2：** 排水系统遗漏或设置不符合要求（图3-1-7）。

图3-1-7 排水系统遗漏或设置不符合要求

解 析

排水系统遗漏或设置不符合要求，会使土的含水层被切断，地下水和地面水会不断渗入坑内，如不能及时排出，不但会使施工条件恶化，造成边坡失稳、基坑流砂、坑底隆起、坑底管涌，还会影响地基承载力。

（1）应符合以下规定

① 土方开挖、土方回填过程中应设置完善的排水系统。

② 平整场地的表面坡度应符合设计要求，排水沟方向的坡度不应小于2‰。平整后的场地表面应进行逐点检查，检查点的间距不宜大于20m。

③ 土方工程施工前，应采取有效的地下水控制措施。基坑内地下水位应降至拟开挖下层土方的底面以下不小于0.5m。

（2）正确做法（图3-1-8 ～图3-1-11）

① 边沟、排水沟、截水沟等地表排水设施迎水侧不得高出地表，局部有凹坑时应填平，边沟施工时，沟底纵坡应衔接平顺。

② 截水沟施工应先行，与其他排水设施衔接时应平顺，纵坡坡度不宜小于0.3%。

③ 不良地质路段、土质松软路段、透水性大或岩石裂隙多地段的截水沟沟底、沟壁、出水口等应进行防渗及加固处理。

图 3-1-8　截水沟模板安装

图 3-1-9　截水沟成品

图 3-1-10　预制砖排水沟

图 3-1-11　现浇混凝土排水沟

◎**工作难点3**：土方开挖的顺序、方法不符合要求（图 3-1-12～图 3-1-13）。

图 3-1-12　掏底开挖

图 3-1-13　未分层开挖且未及时防护

解 析

土方开挖的顺序、方法不符合要求，且挖土与支护不协调，会引起基坑局部变形，位移过大，甚至导致基坑坍塌。

（1）应符合以下规定

① 土石方开挖的顺序、方法必须与设计工况和施工方案相一致，并应遵循"开槽支撑，先撑后挖，分层开挖，严禁超挖"的原则。

② 基坑开挖的分层厚度宜控制在3m以内，并应符合支护结构的设置和施工的要求，邻近基坑边的局部深坑宜在大面积垫层完成后开挖。

③ 下层土方的开挖应在支撑达到设计要求后进行。挖土机械和车辆不得直接在支撑上行走或作业，严禁在底部已经挖空的支撑上行走或作业。

④ 面积较大的基坑可根据周边环境保护要求、支撑布置形式等因素，采用盆式开挖、岛式开挖等方式施工，并结合开挖方式及时形成支撑或基础底板。

（2）正确做法（图3-1-14～图3-1-17）

图3-1-14　边线放样

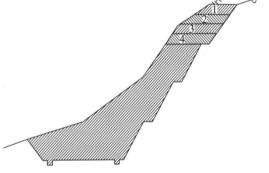

图3-1-15　土方开挖断面示意

图3-1-16　边坡整修

图3-1-17　边坡防护

◎ **工作难点4**：平整后的场地表面坡度不符合要求（图3-1-18～图3-1-19）。

图 3-1-18　横坡坡度不符合要求

图 3-1-19　平整度不符合要求

解析

平整后的场地表面坡度不符合要求，会造成边坡垮塌、路面出现不均匀沉降及排水不畅等质量问题，使路面出现裂缝，严重时导致塌陷。

（1）应符合以下规定

① 平整场地的表面坡度应符合设计要求，排水沟方向的坡度不应小于2‰。平整后的场地表面应进行逐点检查，检查点的间距不宜大于20m。

② 平整后的场地表面坡度应符合设计要求，设计无要求时，沿排水沟方向的坡度不应小于2‰，平整后的场地表面应逐点检查。土石方工程的标高检查点为每100m²取1点，且不应少于10点；土石方工程的平面几何尺寸（长度、宽度等）应全数检查；土石方工程的边坡为每20m取1点，且每边不应少于1点。土石方工程的表面平整度检查点为每100m²取1点，且不应少于10点。

（2）正确做法（图3-1-20～图3-1-21）

图 3-1-20　平整度检测

图 3-1-21　高程检测

场地平整应定期测量和校核设计平面位置、边坡坡度和水平标高。平面控制桩和水准控制点应采取可靠措施加以保护,并应定期检查和复测。

3.1.2 土方回填

◎**工作难点1:** 土方回填分层压实系数不满足要求(图3-1-22)。

图3-1-22 土方回填分层压实系数不满足要求

解析

土方回填分层压实系数不满足要求,将使填土场地、地基在荷载下变形量增大,承载力和稳定性降低,或导致不均匀下沉。

(1)应符合以下规定

① 土方回填的施工质量检测应分层进行,每层压实系数符合设计要求后方可铺填上层土。

② 应通过土料控制干密度和最大干密度的比值确定压实系数,土料的最大干密度应通过击实试验确定,土料的控制干密度可采用环刀法、灌砂法、灌水法或其他方法检验。

③ 采用轻型击实试验时,压实系数宜取高值;采用重型击实试验时,压实系数可取低值。

④ 基坑和室内土方回填,每层按100～500m²取样1组,且不应少于1组;柱基回填,每层抽样柱基总数的10%,且不应少于5组;基槽和管沟回填,每层按20～50m取样1组,且不应少于1组;场地平整填方,每层按400～900m²取样1组,且不应少于1组。

(2)正确做法(图3-1-23～图3-1-28)

① 土方路堤,必须根据设计断面,分层填筑、分层压实。采用机械压实时,

分层的最大松铺厚度：高速公路和一级公路不应超过30cm；其他公路，按土质类别、压实机具功能、碾压遍数等，经过试验确定。但最大松铺厚度不宜超过50cm。填筑至路床顶面最后一层的最小压实厚度不应小于8cm。

② 路堤填土宽度每侧应宽于填层设计宽度，压实宽度不得小于设计宽度，最后削坡。

图3-1-23　画出方格网

图3-1-24　方格控制卸土量

图3-1-25　推土机摊铺

图3-1-26　平地机整平

图3-1-27　压路机碾压

图3-1-28　个别位置小型压路机补强

◎ 工作难点2：回填部位基底清理不满足要求（图3-1-29～图3-1-30）。

图3-1-29　清表不彻底

图3-1-30　软弱土未清除干净

解析

回填部位基底清理不满足要求，会造成局部或大面积填方出现下陷，或发生滑移等现象，引起建筑物不均匀沉降，出现裂缝。

（1）应符合以下规定

① 施工前应检查基底的垃圾、树根等杂物清除情况，测量基底标高、边坡坡度，检查验收基础外墙防水层和保护层等。回填料应符合设计要求，并应确定回填料含水量控制范围、铺土厚度、压实遍数等施工参数。

② 施工中应检查排水系统、每层填筑厚度、辗迹重叠程度、含水量控制、回填土有机质含量、压实系数等。回填施工的压实系数应满足设计要求。当采用分层回填时，应在下层的压实系数经试验合格后进行上层施工。填筑厚度及压实遍数应根据土质、压实系数及压实机具确定。

（2）正确做法（图3-1-31）

① 路基施工前，应将现状地面上的积水排除、疏干，将树根坑、井穴、坟坑等进行技术处理，并将地面大致整平。

② 路基范围内遇有软土地层或土质不良、边坡易被雨水冲刷的地段，当设计未提处理意见时，应按规范办理设计变更，并据以制定专项施工方案。

③ 开挖至零填、路堑路床部分后，应及时进行路床施工；如不能及时进行，宜在设计路床顶高程以上预留至少300mm厚的保护层。

图 3-1-31　基底处理

3.2　基坑支护工程

3.2.1　围护桩

◎**工作难点1：** 桩位、孔深、垂直度不符合要求（图3-2-1～图3-2-2）。

图 3-2-1　超声波检测垂直度不符合要求

图 3-2-2　孔深不符合要求

解析

桩位、孔深、垂直度不符合要求，直接影响桩基的施工进度、成桩质量及地基承载力特性的发挥，导致围护结构受力不均匀，给基坑带来较大的安全隐患。

（1）应符合以下规定

① 桩位偏差：轴线及垂直轴线方向均不宜大于50mm。

② 孔深偏差应为300mm，孔底沉渣厚度不应大于200mm。

③ 桩身垂直度偏差不应大于1/150，桩径允许偏差应为30mm。

（2）正确做法（图3-2-3）

图3-2-3　超声波检测孔深、孔径及垂直度

◎ **工作难点2**：钢筋笼质量不符合要求（图3-2-4～图3-2-6）。

图3-2-4　钢筋笼安装

图3-2-5　箍筋间距不符合要求

图3-2-6　箍筋焊点缺焊、漏焊

解析

钢筋笼质量不符合要求，会直接影响钢筋笼的整体刚度，在起吊过程中很容易发生整体变形、散笼等，甚至会造成吊车倾覆、人身伤害等事故。

（1）应符合以下规定

① 钢筋笼宜分段制作，分段长度应根据钢筋笼整体刚度、钢筋长度以及起重

设备的有效高度等因素确定。钢筋笼接头宜采用焊接或机械式接头,接头应相互错开。

② 钢筋笼应采用环形胎模制作,钢筋笼主筋净距应符合设计要求。

③ 钢筋笼的材质、尺寸应符合设计要求,钢筋笼制作允许偏差应符合《建筑地基基础工程施工质量验收标准》GB 50202—2018规定。

④ 钢筋笼主筋混凝土保护层允许偏差应为±20mm,钢筋笼上应设置保护层垫块,每节钢筋笼不应少于2组,每组不应少于3块,且应均匀分布于同一截面上。

(2)正确做法(图3-2-7~图3-2-12)

图3-2-7 丝头打磨

图3-2-8 通规、止规检查

图3-2-9 扭矩值检查

图3-2-10 接头原位取样

图3-2-11 钢筋间距检查

图3-2-12 注浆管均匀布置

◎ **工作难点3**：桩基检测不符合要求。

解析

桩基检测不符合要求，表明支护结构无法满足荷载传递要求，不能维持临空土体稳定，将直接影响支护结构的质量和安全。

（1）应符合以下规定

① 每浇筑50m³应有1组试件，小于50m³的桩，每个台班应有1组试件。对单柱单桩，每根桩应有1组试件，每组试件应有3个试块，同组试件应取自同车混凝土。

② 按照设计图纸要求对钻孔桩桩身混凝土进行检测。

③ 对桩身混凝土质量有疑问或设计有要求的桩，应采用钻芯取样进行检测。

（2）正确做法（图3-2-13 ~ 图3-2-14）

图3-2-13 桩头机械切除

图3-2-14 桩身完整性检测

3.2.2 地下连续墙

◎**工作难点1：**钢筋笼的制作与安装质量不符合要求（图3-2-15～图3-2-16）。

图3-2-15 桁架钢筋与纵筋焊接长度不足

图3-2-16 封口筋间距不均匀

解析

由于地下连续墙钢筋笼外形尺寸大、重量大，如钢筋笼焊接质量达不到要求，将严重影响钢筋笼的整体刚度，在起吊过程中很容易发生整体变形、散笼等，甚至会造成吊车倾覆、人身伤害等事故。

（1）应符合以下规定

① 钢筋笼加工场地与制作平台应平整，平面尺寸应满足制作和拼装要求。

② 分节制作钢筋笼应采用同一胎架并进行试拼装，应采用焊接或机械连接。

③ 钢筋笼制作时应预留导管位置，并应上下贯通。

④ 钢筋笼应设保护层垫板，纵向间距为3～5m，横向宜设置2～3块。

⑤ 吊车的选用应满足吊装高度及起重量的要求。

⑥ 钢筋笼应在清基后及时吊放。

⑦ 异形槽段钢筋笼起吊前应对转角处进行加强处理，并应随入槽过程逐渐割除。

⑧ 槽段钢筋笼应进行整体吊放安全验算，并采取设置纵横向桁架、剪刀撑等加强钢筋笼整体刚度的措施。

（2）正确做法（图3-2-17～图3-2-22）

图3-2-17　力矩值检测

图3-2-18　分级验收标识

图3-2-19　桁架钢筋检查

图3-2-20　吊点检查

图3-2-21　钢筋笼绑扎安装

图3-2-22　吊装前检查与旁站

◎ **工作难点2：地下连续墙接头质量不符合要求**（图3-2-23～图3-2-24）。

图3-2-23　接缝处夹泥

图3-2-24　接缝处渗水

解析

地下连续墙接头质量不符合要求，就会造成连续墙接缝和混凝土内夹渣、夹泥、槽壁变形、连续墙局部鼓包、钢筋笼卡笼等问题，造成基坑渗漏，严重时可造成基坑坍塌等事故。

（1）应符合以下规定

① 接头管（箱）及连接件应具有足够的强度和刚度。

② 十字钢板接头与工字钢接头在施工中应配置接头管（箱），下端应插入槽底，上端宜高出地下连续墙泛浆高度，同时应制定有效的防混凝土绕流措施。

③ 钢筋混凝土预制接头达到设计强度的100%后方可运输及吊放，吊装的吊点位置及数量应根据设计计算结果确定。

④ 铣接头施工应符合下列规定

A. 套铣部分不宜小于200mm，后续槽段开挖时，应将套铣部分混凝土铣削干净，形成新鲜的混凝土接触面。

B. 导向插板宜选用长5～6m的钢板，应在混凝土浇筑前，放置于预定位置。

C. 套铣一期槽段钢筋笼应设置限位块，限位块设置在钢筋笼两侧，可以采用PVC管等材料，限位块长度宜为300～500mm，间距为3～5m。

（2）正确做法（图3-2-25～图3-2-26）

① 成槽完成后，在相邻一幅已经完成地下连续墙的接头位置上必然有黏附的

泥土及未脱落的砂土袋，如不及时清除会在混凝土灌注过程中产生夹泥现象，造成基坑开挖过程中地下连续墙渗漏水，为此必须采取刷壁措施，刷壁2次。

② 刷壁使用特制刷壁器，Ⅱ期槽成槽后，先用刷壁器斜铲铲除未脱落的砂袋等硬物，再用刷壁器钢丝刷自上而下分段刷洗Ⅰ期槽端头，上下刷数遍，直至刷子上不带泥屑，孔底淤积不再增加，刷壁后使新老混凝土接合处干净密实，清刷应在清槽换浆前进行；刷壁质量采用超声波进行检测，检测合格后方可进行下一道工序施工。

图3-2-25　地下连续墙成槽

图3-2-26　接头刷壁

◎ **工作难点3**：地下连续墙墙段截面尺寸、墙长、表面平整度不符合要求（图3-2-27～图3-2-28）。

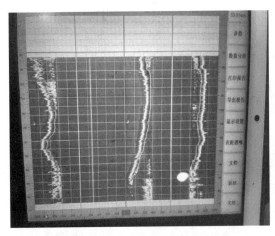

图3-2-27　成槽垂直度不符合要求

图3-2-28　测绳检测孔深

解析

地下连续墙墙段截面尺寸、墙长、表面平整度不符合要求，会造成钢筋笼卡笼、槽壁变形、连续墙局部鼓包等现象，造成基坑渗漏，严重可造成基坑坍塌等事故。

（1）应符合以下规定

① 单元槽段长度宜为4～6m。

② 槽内泥浆面不应低于导墙面0.3m，同时槽内泥浆面应高于地下水位0.5m以上。

③ 成槽机应具备垂直度显示仪表和纠偏装置，成槽过程中应及时纠偏。

④ 单元槽段成槽过程中，抽检泥浆指标不应少于2处，且每处不应少于3次。

⑤ 地下连续墙成槽允许偏差应符合表3-2-1的规定。

地下连续墙成槽允许偏差　　　　　　　　表3-2-1

项目		允许偏差
深度	临时结构	≤100mm
	永久结构	≤100mm
槽位	临时结构	≤50mm
	永久结构	≤30mm
墙厚	临时结构	≤50mm
	永久结构	≤50mm
垂直度	临时结构	≤1/200
	永久结构	≤1/300
沉渣厚度	临时结构	≤200mm
	永久结构	≤100mm

（2）正确做法

① 用测锤实测槽段两端的位置及槽底深度，两端实测位置线与该槽段分幅线之间的偏差以及槽段的深度偏差。

② 用超声波测壁仪器在槽段内左、中、右三个位置上分别扫描槽壁壁面，扫描记录中壁面最大凸出量或凹进量（以导墙面为扫描基准面）与槽段深度之比即为壁面垂直度，三个位置的平均值即为槽段壁面平均垂直度。

◎ **工作难点4**：地下连续墙墙身质量试验检测不符合要求。

解析

地下连续墙的成墙质量决定开挖后的基坑安全，关系基坑开挖施工进度和主体工程防水质量，是基坑施工的关键环节。

（1）应符合以下规定

① 混凝土坍落度检验每幅槽段不应少于3次，抗压强度试件每一槽段不应少于一组，且每100m³混凝土不应少于一组，永久地下连续墙每5个槽段应做抗渗试件一组。

② 永久地下连续墙混凝土的密实度宜采用超声波检查，总抽取比例为20%，必要时采用钻孔抽芯检查强度。

（2）正确做法（图3-2-29）

图3-2-29　钻芯取样进行验证

3.2.3　土钉墙

◎ **工作难点1**：土钉面层混凝土厚度不符合要求（图3-2-30～图3-2-31）。

图3-2-30　混凝土锚喷厚度不均匀　　图3-2-31　土钉面板混凝土厚度不足

解析

喷射混凝土配比不正确，施工顺序错误未做到均匀喷射，养护不到位导致局部脱落造成厚度不足。

（1）应符合以下规定

土钉墙墙面坡度应符合《建筑基坑支护技术规程》JGJ 120—2012要求。土钉墙墙顶应采用砂浆或混凝土护面，坡顶和坡脚应设排水措施，坡面上可根据具体情况设置泄水孔。

（2）正确做法

面层喷射混凝土使用速凝剂等外加剂时，应做外加剂与水泥的相容性试验及水泥净浆凝结试验，并应通过试验确定外掺剂掺量及掺入方法。喷射作业应分段依次进行，同一分段内喷射顺序应自下而上均匀喷射，再施工土钉，压筋后二次复喷混凝土。喷射混凝土时，喷头与土钉墙墙面应保持垂直；喷射混凝土终凝2h后应及时喷水养护。开挖后应及时封闭临空面，应在24h内完成土钉安放和喷射混凝土面层。

◎**工作难点2：土钉注浆后验收试验检测不符合要求。**

解析

注浆所用水泥浆制作完成后未进行泥浆三件套性能检验就投入使用，水泥强度不足或存放时间过长、储存条件差。

（1）应符合以下规定

土钉墙墙面坡度应符合《建筑基坑支护技术规程》JGJ 120—2012要求。水泥、成品水泥浆进场复试合格后方可投入使用。

（2）正确做法（图3-2-32～图3-2-35）

注浆材料选用水泥浆；水泥浆应拌合均匀，一次拌合的水泥浆或水泥砂浆应在初凝前使用；注浆前应将孔内残留的虚土清除干净；注浆时，宜采用将注浆管与土钉杆体绑扎、同时插入孔内并由孔底注浆的方式；注浆及拔管时，注浆管口应始终埋入注浆液面内，应在新鲜浆液从孔口溢出后停止注浆；注浆后，当浆液液面下降时，应进行补浆。

图 3-2-32　泥浆三件套

图 3-2-33　测试泥浆比重

图 3-2-34　泥浆稠度计

图 3-2-35　泥浆含砂率

◎**工作难点3**：土钉位置、数量、长度不符合要求（图 3-2-36～图 3-2-37）。

图 3-2-36　土钉加工

图 3-2-37　钢筋网安装

解析

土钉加工过程未进行正确下料，成孔钻进前未进行点位复核。

（1）应符合以下规定

土钉墙所用的土工合成材料的品种、规格、质量应符合设计要求。进场时应进行现场验收，并对其技术性能进行检验。土钉孔的布置形式、土钉长度应符合设计要求。土钉墙钻孔施工时，严禁灌水。

（2）正确做法

土钉墙施工应严格遵循"超前支护，分层分段，逐层施作，限时封闭，严禁超挖"的原则要求，控制每层开挖深度、每次开挖场地区域。可采用人工成孔或机械成孔，成孔前应根据施工平面图标出孔位。孔内渣土应清理干净。成孔时应有记录，随时掌握土层情况。锚杆体由水泥砂浆、钢筋杆体组成。土钉采用机械连接，保证主筋不托底。

◎ **工作难点4：土钉墙锚杆倾斜角度不符合要求**（图3-2-38）。

解析

未设置对中支架，插入土钉前孔内有杂物导致土钉偏位。

（1）应符合以下规定

倾角宜取15°~25°，且不应大于45°，不应小于10°；锚固段宜设置在土地粘结强度高的土层内；当锚杆穿过的地层上方存在天然地基的建筑物或地下构筑物时，宜避开易塌孔、变形的地层。

（2）正确做法（图3-2-39）

土钉每隔2m设置一个对中支架，以保证钢筋处于孔位中心且注浆后其保护层厚度不小于25mm；孔距允许偏差为±100mm，孔径允许偏差为±5mm，孔深允许偏差为±30mm，倾角允许偏差为±1°；插入土钉钢筋前先进行清孔检查，若发现有碎土、杂物及泥浆应及时清理，对土钉钢筋检查合格后沿钻孔轴线将土钉推送入孔内至设计位置，推送过程中，切勿转动土钉，以防止土钉插入孔壁土体中，应使土钉位于钻孔的轴线上。

图3-2-38 土钉成孔施工

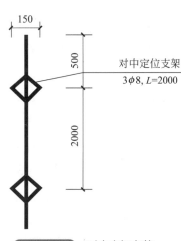

图3-2-39 对中支架安装

3.2.4 钢或混凝土支撑

◎ **工作难点1：** 钢或混凝土支撑结构尺寸、标高不符合要求（图3-2-40～图3-2-41）。

图3-2-40 钢支撑

图3-2-41 混凝土支撑

解析

支撑未严格按图纸要求施工，施工作业前未进行测量复核，钢支撑安装过程定位控制不准确，施工过程中施工机械碰撞支撑体系。

（1）应符合以下规定

开挖前备齐钢支撑，钢支撑壁厚、纵向顺直度符合要求。钢支撑预加轴力设备千斤顶和压力表使用前进行标定，支撑的架设必须准确到位，并严格按设计图的要求施加力。按设计图纸加工钢支撑，严格按图操作。钢支撑连接必须满足等强度连接要求，满足节点构造图要求。焊接工艺和焊缝质量应符合国家现行标准《钢结构焊接规范》GB 50661—2011的规定。

（2）正确做法

深基坑开挖过程中，要防止挖土机械碰撞支撑体系，以防支撑失稳，造成事故。为防止深基坑内起吊作业时碰动钢管支撑，每根钢管支撑、钢围檩要求通过钢丝绳固定在围护桩上。基坑严格按设计进行施工，及时施加支撑及斜支撑等，确保基坑坑壁稳定。施工过程中，密切与施工监测配合，加强信息化管理，若有不稳定的因素存在，及时报请工程师和设计人员调整施工方案，将基坑开挖对周围环境的影响减至最低程度，确保基坑成型；基坑开挖应把基坑侧壁的稳定成型放在首位，已开挖的基坑侧壁不稳定时应及时处理，不许再向下开挖。挖土机严禁触碰围檩、支撑。

◎**工作难点2**：钢或混凝土支撑与围护结构的连接节点施工质量不符合要求（图3-2-42）。

图3-2-42 支撑与围护结构的连接节点

解析

钢或混凝土支撑与围护结构的连接节点空隙处未填充饱满，应填充细石混凝土或钢垫板。

（1）应符合以下规定

钢支撑设置及预加顶力应满足设计要求和开挖深度的防护要求，支撑不得变形，支撑点连接牢固。

（2）正确做法

钢管横撑的设置时间必须严格按设计工况条件掌握，土方开挖时须分段分层，严格控制安装钢支撑所需的深基坑开挖深度。钢围檩安装后，钢围檩背面与桩之间的空隙应浇筑混凝土回填密实，确保钢围檩与各桩密贴。钢支撑应对称间隔拆除，避免瞬间预加应力释放过大而导致结构局部变形、开裂。深基坑开挖过程中，要防止挖土机械碰撞支撑体系，以防支撑失稳，造成事故。为防止深基坑内起吊作业时碰动钢管支撑，每根钢管支撑、钢围檩要求通过钢丝绳固定在围护桩上。

◎ **工作难点3**：钢支撑预应力值不符合要求（图3-2-43～图3-2-44）。

图3-2-43　预应力钢支撑

图3-2-44　钢支撑千斤顶施加预应力

解析

钢支撑初次施加预应力未达到设计值，支撑应力监测不到位，施工过程预应力损失未及时补偿。

（1）应符合以下规定

加强钢支撑应力监测，在达到设计预应力的情况下施加力，稳定预应力，控制桩体的水平位移。加强钢支撑应力监测，并适当地施加预应力。

（2）正确做法

千斤顶预加轴力分两次施加，第一次施加至设计预加轴力值的50%～70%，第二次施加至设计预加轴力值，减少轴力损失。预加轴力完成后，应将伸缩腿与支撑头后座之间的空隙采用钢板楔块垫塞紧密，锁定钢支撑预加轴力后再拆除千斤顶。确保钢管支撑与钢围檩正交，斜撑要确保剪力块角度与斜撑角度一致，钢管横撑安装后应及时施加预应力。要求专人检查钢管支撑楔块，一有松动，及时重新加荷打楔块。专人检查钢管支撑时，由于高空作业，须系安全绳。钢管支撑、钢围檩为钢构件，一定要确保焊缝质量，使用前须进行无损伤焊缝检测。更换倒撑时，侧墙混凝土强度必须达到设计强度的100%，支顶加力时顶紧即可，不能出现松动或过量加载应力的情况。

3.2.5 锚杆（索）

◎ **工作难点1：** 锚杆（索）位置、数量、长度不符合要求（图3-2-45～图3-2-46）。

图3-2-45 锚杆（索）基坑支护位置偏差　　图3-2-46 预应力锚杆（索）锚固长度不足

解析

锚杆（索）加工过程未进行正确下料，成孔钻进前未进行点位复核。

（1）应符合以下规定

锚杆（索）所用材料的品种、规格、质量应符合设计要求。进场时应进行现场验收，并对其技术性能进行检验。锚杆（索）的布置形式、锚杆（索）长度应符合设计要求。

（2）正确做法

采用干作业法钻孔时，要注意钻进速度，避免"别钻"。要把土充分倒出后再拔钻杆，这样可减少孔内虚土，方便钻杆拔出。采用湿作业法成孔时，要注意钻进时不断供水冲洗，始终保持孔口水位，并根据地质条件控制钻进速度，一般以300～400mm/min为宜，每节钻杆钻进后在接钻杆前，一定要反复冲洗，直至溢出清水。在钻进过程中随时注意速度、压力及保持钻杆平直，待钻至规定深度后继续用水反复冲洗钻孔中泥砂，直至溢出清水为止，然后拔出钻杆。

◎ **工作难点2：** 锚杆（索）注浆前验收试验检测不符合要求（图3-2-47）。

图3-2-47 预应力锚杆（索）预应力值不足

解析

注浆所用水泥浆制作完成后未进行性能检验就投入使用，水泥强度不足或存放时间过长、储存条件差等。

（1）应符合以下规定

锚杆施工前，应对水泥进行检验。施工过程中，应对注浆配比、注浆压力及注浆量等进行检验。

（2）正确做法

灌浆材料选用纯水泥浆，水泥采用P·O42.5以上普通硅酸盐水泥，水灰比宜取0.50～0.55，其流动度要适合泵送。如灌浆采用水泥砂浆，水灰比宜取0.40～0.45，灰砂比宜取0.5～1.0，选用中砂，并要过筛。固结体强度不宜低于20MPa，塑性流动时间要在22s以内，可用时间应为30～60min。为加快凝固，提高水泥浆早期强度，可掺速凝剂，但使用要拌均匀，整个浇筑过程须在4min内结束。

◎ **工作难点3：** 锚杆（索）预应力值不符合要求。

解析

锚拉式支挡结构中，确保锚杆有效预应力在开挖前达到设计预应力是这种支护方式发挥预期效果的关键,若开挖前锚杆有效预应力不足,则支护结构在基坑顶部失去约束,从简支结构转变成悬臂结构,转变后的支护结构在基坑开挖后,因上部失去约束,会产生较大变形,若该变形超过一定量值,会使支护结构因倾斜过大造成本身失稳。

(1)应符合以下规定

《建筑基坑支护技术规程》JGJ 120—2012规定,锚杆锁定过程中的预应力损失量宜通过锁定前后锚杆拉力的测试确定,缺少测试数据时,锁定时的锚杆拉力可取锁定荷载的1.1～1.15倍。

(2)正确做法

土层锚杆灌浆后,待锚固体强度达到设计强度的80%时,即可进行预应力张拉。张拉采用隔二拉一;锚杆正式张拉前,要取设计拉力的10%～20%,并对锚杆预张拉1～2次。锚杆张拉要求定时分级加荷载进行,张拉时由专人操纵机械,记录和观测数据,并随时画出锚杆荷载—变位曲线图,作为判断锚杆质量的依据。当拉杆预应力没有明显衰减时,即可锁定拉杆。

3.2.6 降水与排水

◎**工作难点1:** 排水沟、集水井的数量、位置、尺寸不符合要求(图3-2-48～图3-2-49)。

图3-2-48 集水井尺寸不足

图3-2-49 排水沟未找坡处理

解析

排水沟、集水井未严格按照方案施工,未确保数量、位置、尺寸无误。

（1）应符合以下规定

① 降排水运行前，应检验工程场区的排水系统。排水系统最大排水能力不应小于工程所需最大排量的1.2倍。

② 采用集水明排的基坑，应检验排水沟、集水井的尺寸。排水时集水井内水位应低于设计要求水位不小于0.5m。

（2）正确做法

首先要了解地质勘探资料，掌握地下土质和水位变化情况，特别是地下流砂层情况，以便确定钻孔工艺和准备必要材料。根据总的平面布置和所开挖地下工程的面积，确定正式管井和观测管井的数量、位置，排水管位置流向，沉淀池位置以及与污水管道连接地点。对设置井点位置进行平整、放线，标明其位置。

◎**工作难点2**：试成井施工不符合要求（图3-2-50）。

图3-2-50　试成井施工

解析

地勘资料有误，所选设备不符合现场施工要求。

（1）应符合以下规定

按设计要求布设井位并测量地面标高，井位与设计要求偏差不宜大于300mm，当因障碍物影响而偏差过大时，应与设计人员协商。井位应采用显著标志，必要时采用钢钎打入地面下300mm，并灌入石灰粉。

（2）正确做法

根据建设单位提供的测量控制点，测量放线确定井点位置，然后在井位先挖一个小土坑,深度大约500mm,以便冲击孔时集水、埋管时灌砂,并用水沟将小坑与集水坑连接,以便排泄多余的水。砂石必须采用粗砂,以防止堵塞滤管的网眼。滤管应放置在井孔的中间,砂石滤层的厚度应在60～100mm之间,以提高透水性,并防止土粒渗入滤管堵塞滤管的网眼。填砂厚度要均匀,速度要快,填砂中途不得中断,以防孔壁塌土。砂石滤层的填充高度,至少要超过滤管顶1000～1800mm,一般应填至原地下水位线以上,以保证土层水流上下畅通。井点填砂后,井口以下1.0～1.5m用黏土封口压实,防止漏气而降低降水效果。

◎ **工作难点3**:水位监测不符合要求(图3-2-51)。

图3-2-51 人工进行地下水位监测

解析

水位监测不及时,未做到信息化施工,未能及时监测、及时预警。

(1)应符合以下规定

基坑工程地下水位监测包含坑内、坑外水位监测。基坑工程地下水位监测又有浅层潜水位和深层承压水位之分。通过坑内水位观测可以检验降水方案的实际效果,如降水速率和降水深度。通过坑外水位观测可以了解坑内降水对周围地下水位的影响范围和影响程度,防止基坑工程施工中坑外水土流失。坑外水位监测为基坑监测必测项目。

(2)正确做法

水位管的管口要高出地表并做好防护墩台,加盖保护,以防雨水、地表水和杂物进入管内。水位管处应有醒目标志,避免施工损坏。水位管埋设后每隔1d测量一次水位面，观测水位面是否稳定。当连续几天测试数据稳定后，可进行初始水位高程的测量。在监测一段时间后，应对水位孔逐个进行抽水或灌水试验，看其恢复至原来水位所需的时间，以判断其工作的可靠性。坑内水位管要注意做好保护措施，防止施工破坏。承压水位管直径可为50～70mm，滤管段不宜小于1m，与钻孔孔壁间应灌砂填实，被测含水层与其他含水层间应采取有效隔水措施，含水层以上部位应用膨润土球或注浆封孔，水位管管口应加盖保护。重点是管口水准测量，要与绝对高程统一。

3.2.7 围堰

◎ **工作难点**：围堰截面尺寸、标高不符合要求（图3-2-52～图3-2-53）。

图3-2-52　钢板桩围堰

图3-2-53　土围堰

解析

未严格按照方案施工，施工作业前水文地质调查有误，施工方案与现场不符。

（1）应符合以下规定

筑堰材料宜用黏性土、粉质黏土或砂质黏土，填出水面之后应进行夯实，填土应自上游开始至下游合龙，筑堰前，必须将筑堰部位河床之上的杂物、石块及树根等清除干净，堰顶宽度可为1～2m；机械挖基时不宜小于3m，堰外边坡迎水流一侧坡度宜为1∶3～1∶2，背水流一侧可在1∶2之内；堰内边坡宜为1∶1.5～1∶1；内坡脚与基坑边的距离不得小于1m。

（2）正确做法

应减少对现状河道通航、导流的影响，对河流断面被围堰压缩而引起的冲刷，应有防护措施（包括河岸与堰外边坡），堰内平面尺寸应满足基础施工的需要，应防水严密，不得渗漏，便于施工、维护及拆除；围堰材料不得对现况河道水质产生污染。

3.3 地基基础工程

3.3.1 灰土地基

◎**工作难点1：** 未按要求分层测定灰土的质量密度（图3-3-1～图3-3-4）。

图3-3-1　灰土的含水率偏大

图3-3-2　机械配合不到位

图3-3-3　未检测进入下层回填

图3-3-4　压实度不够而沉降开裂

解析

未按要求分层测定灰土的质量密度，将无法检验之前工序是否符合要求，包括灰土的含水率、配合比、碾压机械组合、碾压次数、松铺系数、回填层厚度等，会造成后续地基沉降、开裂，从而对上层结构物产生破坏。

(1)应符合以下规定

①《建筑地基基础工程施工质量验收标准》GB 50202—2018第4.2.2条规定,施工中应检查分层铺设的厚度、夯实时的加水量、夯实遍数及压实系数。按照标准相关要求,应严格控制施工工艺中的每一道工序质量,确保每道工序符合相应要求。

②《建筑地基基础工程施工质量验收标准》GB 50202—2018第4.2.4条规定,灰土地基的质量检验标准应符合相关规定,其中压实系数不小于设计值,采用环刀法进行检查。分层厚度保持在50mm左右。

(2)正确做法(图3-3-5~图3-3-8)

灰土回填施工时,切记每层灰土夯实都得测定干土的质量密度,符合要求后,才能摊铺上层的灰土,并且在试验报告中,注明土料种类、配合比、试验日期、层数(步数)、结论、试验人员名字(签名)等。密实度未达到设计要求的部位,均应有处理方法和复验结果。

图3-3-5 拌合

图3-3-6 分层碾压

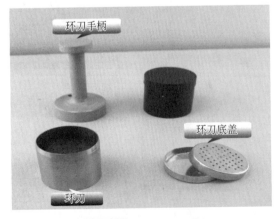

图3-3-7 环刀检测工具

图3-3-8 压实度检测

◎ **工作难点2：留、接槎不符合规定**（图3-3-9～图3-3-12）。

图3-3-9　填挖分界处未设置台阶

图3-3-10　纵向台阶设置不规范

图3-3-11　横向接缝未设置台阶

图3-3-12　台阶宽度不符合要求

解析

在纵向接缝、横向接缝、填挖分界处未设置台阶或上下层台阶未错开，该部位将成为地基薄弱环节，可能出现地基纵、横向裂缝和不均匀沉降等病害，从而影响地基承载力。

（1）应符合以下规定

依据《建筑地基基础工程施工规范》GB 51004—2015第4.2.4条规定，素土、灰土换填地基宜分段施工，分段的接缝不应在柱基、墙角及承重窗间墙下位置，上下相邻两层的接缝距离不应小于500mm，接缝处宜增加压实遍数。

（2）正确做法（图3-3-13～图3-3-16）

灰土施工时严格执行留、接槎的相关规定。当灰土基础标高不同时，应做成阶梯形，上下层的灰土接槎距离不得小于500mm，接槎的槎子应垂直切齐。

图3-3-13 横向台阶设置

图3-3-14 台阶端头垂直切齐

图3-3-15 填挖交界处台阶设置

图3-3-16 台阶加强碾压

◎ 工作难点3：原材料质量不合格（图3-3-17～图3-3-20）。

图 3-3-17　生石灰过筛后未分开存放

图 3-3-18　石灰未过筛，粒径过大

图 3-3-19　石灰土拌制不均匀

图 3-3-20　土体未过筛，粒径过大

解析

没有认真过筛，石灰颗粒过大，造成颗粒遇水熟化体积膨胀，会将上层垫层、基础拱裂。

（1）应符合以下规定

① 依据《建筑地基基础工程施工质量验收标准》GB 50202—2018第4.2.1条规

定，施工前应检查素土、灰土土料、石灰或水泥等配合比及灰土的拌合均匀性。

② 依据《建筑地基处理技术规范》JGJ 79—2012 第4.3.3条规定，粉质黏土和灰土垫层土料的施工含水量宜控制在 $W_{op} \pm 2\%$ 的范围内，粉煤灰垫层的施工含水量宜控制在 $W_{op} \pm 4\%$ 的范围内。最优含水量 W_{op} 可通过击实试验确定，也可按当地经验选取。

（2）正确做法（图3-3-21～图3-3-24）

① 进场前检查原材料合格证及检验报告，合格后方可进场，石灰土应采用厂拌法施工工艺，计量设备定期校核，确保计量准确。

② 灰土体积配合比宜为2∶8或3∶7。石灰宜选用新鲜的消石灰，其最大粒径不得大于5mm。土料宜选用粉质黏土，不宜使用块状黏土，且不得含有松软杂质，有机质含量不应大于5%，土料应过筛且最大粒径不得大于15mm。

图3-3-21　石灰土集中拌制

图3-3-22　石灰土摊铺

图3-3-23　石灰土碾压密实

图3-3-24　石灰土覆盖洒水养护

3.3.2 砂和砂石地基

◎ **工作难点1：** 原地基清理不彻底（图3-3-25～图3-3-28）。

图3-3-25　腐殖土未清理干净

图3-3-26　草皮、树根未清除

图3-3-27　未设置排水沟

图3-3-28　坑穴未处理

解析

未彻底清理基底，腐殖土、有机质土、软土、树根、草皮等无法压实，承载力不能满足要求，即使上层采用砂石料填筑，依然会造成地基不均匀沉降、裂缝、空鼓等病害。填筑前，应先检验基底土质，清除松散土、积水、污泥、杂质等，对坑穴回填密实，并进行打夯使表土密实。

（1）应符合以下规定

① 依据《公路软土地基路堤设计与施工技术细则》JTG/T D31—02—2013第7.2.7条第3项规定，铺设垫层前，应先对现场的古井、古墓、洞穴、暗浜、旧基础进行清理、填实，经检验符合要求后，方可铺填垫层施工。

② 依据《公路软土地基路堤设计与施工技术细则》JTG/T D31—02—2013第7.2.7条第4项规定，严禁扰动垫层下卧软土层，防止下卧层受践踏、冰冻、浸泡或暴晒过久。

（2）正确做法（图3-3-29 ~ 图3-3-32）

砂石地基填筑前，应先清理原地表软弱层、树根、草皮、生活垃圾等，古井、古墓、洞穴、暗浜等回填夯实，并根据场地情况设置排水沟，然后压实原地面，原地面压实度不得小于90%，检验合格后分层填筑砂石地基。

图3-3-29　清表彻底

图3-3-30　设置临时排水沟

图3-3-31　原地表压实

图3-3-32　原地表压实度检测

◎**工作难点2**：未按要求控制填筑厚度（图3-3-33～图3-3-36）。

图3-3-33　松铺厚度超标

图3-3-34　松铺过厚，无法压实

图3-3-35　无标高控制桩

图3-3-36　未画方格网

解析

填筑前，未根据车厢体积和松铺厚度画方格网，从而分层厚度控制不到位，导致单层填筑过厚，不容易压实，造成地基成型后承载力不足和大面积沉降。

（1）应符合以下规定

① 依据《建筑地基基础工程施工规范》GB 51004—2015第4.3.2条第1项规定，施工前应通过现场试验性施工确定分层厚度、施工方法、振捣遍数、振捣器功率等技术参数。

② 依据《建筑地基基础工程施工质量验收标准》GB 50202—2018第4.3.2条规定，施工中应检查分层厚度、分段施工时搭接部分的压实情况、加水量、压实遍数、压实系数。

③ 依据《建筑地基基础工程施工规范》GB 51004—2015第4.3.2条第3项规定，基底存在软弱土层时应在与土面接触处先铺一层150～300mm厚的细砂层或铺一层土工织物。

（2）正确做法（图3-3-37～图3-3-40）

① 施工前，检测原地面土质情况，若地基为软弱土层，须铺设土工格栅或土工格室来增强地基整体强度，避免地基不均匀沉降。

② 摊铺前，根据车厢体积和松铺厚度画方格网，并在各个区域设置松铺厚度控制桩，确保松铺厚度的准确性。

③ 分段施工时应采用斜坡搭接，每层搭接位置应错开0.5～1.0m，搭接处应振压密实。

图3-3-37　方格网

图3-3-38　标高控制桩

图3-3-39　摊铺

图3-3-40　碾压

◎ **工作难点3**：混合料拌制不均匀（图3-3-41～图3-3-44）。

图 3-3-41　混合料未拌合均匀

图 3-3-42　原材料不符合要求

图 3-3-43　无计量设备

图 3-3-44　石堆

解析

原材料有机物、含泥量超标，混合料未拌合均匀或配合比不符合要求，铺设后局部出现砂窝、石堆等问题，造成地基局部沉陷、开裂，导致承载力不满足要求。

（1）应符合以下规定

① 依据《建筑地基基础工程施工规范》GB 51004—2015第4.3.1条第1项规定，宜采用颗粒级配良好的砂石，砂石的最大粒径不宜大于50mm，含泥量不应大于5%。

② 依据《建筑地基基础工程施工规范》GB 51004—2015 第4.3.1条第2项规定，采用细砂时应掺入碎石或卵石，掺量应符合设计要求。

③ 依据《建筑地基基础工程施工质量验收标准》GB 50202—2018 第4.3.1条规定，施工前应检查砂、石等原材料质量和配合比及砂、石拌和的均匀性。

（2）正确做法（图3-3-45 ~ 图3-3-48）

① 原材料进场后，应进行取样检测，避免含泥量和有机物含量超标，并且碎石粒径不得大于50mm。

② 混合料采用厂拌法施工工艺，配合比应通过试验确定。

③ 混合料运至现场后及时摊铺碾压，避免多次转运导致混合料离析。

④ 碾压过程中，应根据混合料状态、天气等情况适量洒水，确保混合料含水率在最佳含水率允许偏差范围内。

图3-3-45 采用厂拌法施工工艺

图3-3-46 原材料分仓堆放

图3-3-47 拌和均匀

图3-3-48 原材料筛分

◎ **工作难点4：未按要求控制压实系数**（图3-3-49～图3-3-50）。

图3-3-49　压实系数不满足要求

图3-3-50　压实系数不足导致路面开裂

解析

未按规定分层检查砂石地基压实系数，导致地基质量不合格，使基础产生不均匀沉降。应坚持分层检查砂石地基的质量，每层砂石的压实质量必须符合规定，否则不能进行上一层施工。

（1）应符合以下规定

① 依据《建筑地基基础工程施工规范》GB 51004—2015第4.3.3条规定，砂石地基的施工质量宜采用环刀法、贯入法、载荷法、现场直接剪切试验等方法检测。

② 依据《建筑地基基础工程施工质量验收标准》GB 50202—2018第4.3.2条规定，施工中应检查分层厚度、分段施工时搭接部分的压实情况、加水量、压实遍数、压实系数。

（2）正确做法（图3-3-51～图3-3-52）

① 从原材料进场、拌合、摊铺、碾压等每个环节进行检查验收，确保各道工序符合要求。

② 每层碾压完成后，现场人员及时通知试验人员对压实系数进行检测，下层压实系数检验合格后方可进行上一层施工。

③ 可采用环刀法、贯入仪、静力触探、轻型动力触探或标准贯入试验等方法，其检测标准应符合设计要求。

④ 采用环刀法检验施工质量时，取样点应位于每层厚度的2/3深度处。筏形与箱形基础的地基检验点数量每50～100m²不应少于1个点；条形基础的地基检验点数量每10～20m不应少于1个点；每个独立基础不应少于1个点。采用贯入

仪或轻型动力触探检验施工质量时，每分层检验点的间距应小于4m。

图 3-3-51　分层压实

图 3-3-52　压实系数检测

3.3.3　强夯地基

◎ **工作难点1：** 夯击点布设不符合要求（图 3-3-53～图 3-3-54）。

图 3-3-53　未布设夯击点

图 3-3-54　未按点位夯击

解析

未按方案要求布设夯击点或未按夯击点夯实、夯击点位置偏差过大，部分区域漏夯，导致地基未夯实均匀，造成不均匀沉降。施工时应按照方案要求布设夯击点，并严格按照夯击点夯实。

（1）应符合以下规定

① 依据《建筑地基基础工程施工质量验收标准》GB 50202—2018第4.6.2条规定，施工中应检查夯锤落距、夯点位置、夯击范围、夯击击数、夯击遍数、每击夯沉量、最后两击的平均夯沉量、总夯沉量和夯点施工起止时间等。

②《建筑地基基础工程施工规范》GB 51004—2015第4.5.4条第1项规定，夯击前应将各夯点位置及夯位轮廓线标出，夯击前后应测量地面高程，计算每点逐击夯沉量。

（2）正确做法（图3-3-55～图3-3-58）

① 施工前应在现场选取有代表性的场地进行试夯。试夯区在不同工程地质单元不应少于1处，试夯区不应小于20m×20m。

② 根据初步确定的强夯参数，提出强夯试验方案，进行现场试夯。应根据不同土质条件，待试夯结束一周至数周后，对试夯场地进行检测，并与夯前测试数据进行对比，检验强夯效果，确定工程采用的各项强夯参数。

③ 夯击点位置可根据基础底面形状，采用等边三角形、等腰三角形或正方形布置。第一遍夯击点间距可取夯锤直径的2.5～3.5倍，第二遍夯击点应位于第一遍夯击点之间。以后各遍夯击点间距可适当减小。对处理深度较深或单击夯击能较大的工程，第一遍夯击点间距宜适当增大。

④ 施工前，现场石灰撒出夯击范围和夯击点位，确保夯击间距控制均匀。夯点施打原则宜为由内而外、隔行跳打。

图3-3-55 灰线撒出夯击范围

图3-3-56 夯击点位放样

图 3-3-57 试夯测量

图 3-3-58 夯击间距控制准确

◎**工作难点2：**夯击能控制不均匀（图3-3-59～图3-3-60）。

图 3-3-59 无夯锤标高控制线

图 3-3-60 夯击能控制不均匀

解析

工人操作随意，未按要求控制落锤高度，导致夯击能控制不均匀，夯坑深浅不一，造成地基不均匀沉降，应严格控制落锤高度，确保夯击能满足要求。

（1）应符合以下规定

① 依据《建筑地基基础工程施工质量验收标准》GB 50202—2018第4.6.1条

规定，施工前，应检查夯锤质量和尺寸、落距控制方法、排水设施及被夯地基的土质。

② 依据《建筑地基基础工程施工规范》GB 51004—2015第4.5.9条规定，强夯施工质量允许偏差应符合表3-3-1规定。

强夯施工质量允许偏差　　　　　　　表3-3-1

项目	允许偏差或允许值	检测方法
夯锤落距	±300mm	用钢尺量，钢索设标志
夯锤定位	±150mm	用钢尺量
锤重	±100kg	称重
夯击遍数及顺序	设计要求	计数法
夯点定位	±500mm	用钢尺量
满夯后场地平整度	±100mm	水准仪
夯击范围（超出基础宽度）	设计要求	用钢尺量
间歇时间	设计要求	—
夯击击数	设计要求	计数法
最后两击平均夯沉量	设计要求	水准仪

（2）正确做法（图3-3-61～图3-3-62）

① 施工前，采用钢尺或测绳测量夯锤的起吊高度，并在夯机上做出明显标记，每次夯锤起吊高度应在同一高度，夯锤高度偏差不得超过300mm。

② 将夯锤起吊到预定高度，开启脱钩装置，夯锤脱钩自由下落，放下吊钩，测量锤顶高程；若发现因坑底倾斜而造成夯锤歪斜时，应及时将坑底整平。

图3-3-61　夯锤标高控制线

图3-3-62　夯坑深度均匀

◎ **工作难点3**：未按要求控制夯击间隔时间（图3-3-63～图3-3-64）。

图3-3-63　未留间隔时间

图3-3-64　夯坑未及时回填

解析

对于透水性较差的黏性土，夯击遍数之间若未预留孔隙水渗透消散时间，连续夯击在孔隙水压的作用下，不能达到夯实效果，后期可能出现地基裂缝、不均匀沉降等问题。

（1）应符合以下规定

依据《建筑地基处理技术规范》JGJ 79—2012第6.3.3条第4项规定，两遍夯击之间，应有一定的时间间隔，间隔时间取决于土中超静孔隙水压力的消散时间。当缺少实测资料时，可根据地基土的渗透性确定，对于渗透性较差的黏性土地基，间隔时间不应少于2～3周；对于渗透性好的地基可连续夯击。

（2）正确做法（图3-3-65～图3-3-66）

图3-3-65　预留间隔时间

图3-3-66　夯坑及时回填

① 夯实透水性较差的黏性土时，根据地质资料和试夯情况，推算出两遍夯实的最佳时间间隔。

② 前一遍夯实结束后，及时回填夯坑，并采用压路机初步碾压密实，然后间隔时间后再继续夯实下一遍，直至最终夯实完成。

3.3.4 水泥粉煤灰碎石桩复合地基

◎ **工作难点1：** 混合料质量不达标（图3-3-67～图3-3-70）。

图3-3-67　原材料不合格

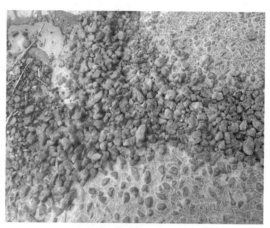

图3-3-68　混凝土离析

图3-3-69　坍落度不符合要求

图3-3-70　桩身不完整

解析

混合料原材料不合格、计量不准确、坍落度不满足要求等,造成施工堵管、充盈系数不够等问题,最终导致桩体强度不足。

(1)应符合以下规定

① 依据《公路软土地基路堤设计与施工技术细则》JTG/T D31—02—2013第7.7.1条规定,水泥粉煤灰碎石桩(CFG桩)的粗集料可采用碎石或砾石,泵送混合料时砾石最大粒径不宜大于25mm,碎石最大粒径不宜大于20mm;振动沉管灌注混合料时粗集料最大粒径不宜大于50mm,可掺入砂、石屑等细集料改善级配。水泥宜用32.5级普通硅酸盐水泥。粉煤灰宜采用Ⅱ级或Ⅲ级粉煤灰。

② 依据《公路软土地基路堤设计与施工技术细则》JTG/T D31—02—2013第7.7.4条第1项规定,混合料应严格按照成桩试验确定的配合比拌制,搅拌均匀,搅拌时间不得少于1min。

③ 依据《建筑地基基础工程施工规范》GB 51004—2015第4.12.1条规定,施工前应按设计要求进行室内配合比试验。长螺旋钻孔灌注成桩所用混合料坍落度宜为160～200mm,振动沉管灌注成桩所用混合料坍落度宜为30～50mm。

(2)正确做法(图3-3-71～图3-3-74)

① 施工前,应对进场的水泥、粉煤灰、砂及碎石等原材料进行验收,并进行见证取样复试后再使用。

② 施工前,应按设计要求在试验室进行配合比试验;施工时,按配合比配制混合料;长螺旋钻孔灌注成桩施工的坍落度宜为160～200mm,振动沉管灌注成桩施工的坍落度宜为30～50mm;振动沉管灌注成桩后桩顶浮浆厚度不宜超过200mm。

③ 混合料生产过程中,按照材料含水量和天气情况适当调整施工配合比,计量设备定期校验。

图3-3-71 原材取样

图3-3-72 混合料集中拌制

图 3-3-73 混合料坍落度较好

图 3-3-74 桩身质量较好

◎ **工作难点2**：未按要求控制拔管速度（图 3-3-75 ~ 图 3-3-78）。

图 3-3-75 提升速度过快

图 3-3-76 缩颈

图 3-3-77 拔管过快导致混合料灌注不足

图 3-3-78 桩顶标高控制不好

解析

施工拔管速度过快、混合料未按要求超灌等，造成桩体不密实、成桩质量差，强度不符合设计要求。

（1）应符合以下规定

① 依据《公路软土地基路堤设计与施工技术细则》JTG/T D31—02—2013第7.7.4条第2项规定，沉管至设计高程后应尽快投料，首次投料量应使管内混合料面与投料口平齐。拔管过程中发现料量不足时应及时补充投料。桩顶超灌高度不宜小于0.5m。

② 依据《公路软土地基路堤设计与施工技术细则》JTG/T D31—02—2013第7.7.4条第3项规定，沉管宜在设计高程留振10s左右，然后边振动，边拔管。拔管速度宜为1.2～1.5m/min，如遇淤泥层，拔管速度宜适当放慢。拔管过程中不得反插。

（2）正确做法（图3-3-79～图3-3-82）

① 沉管灌注成桩施工拔管速度应按匀速控制，并控制在1.2～1.5m/min，遇淤泥或淤泥质土层，拔管速度应适当放慢，沉管拔出地面确认成桩桩顶标高后，用粒状材料或湿黏性土封顶。

② 长螺旋钻孔灌注成桩施工钻至设计深度后，应控制提拔钻杆时间，混合料泵送量应与拔管速度相配合，不得在饱和砂土或饱和粉土层内停泵待料；当桩距较小时，宜采取隔桩跳打措施，施打新桩与已打桩间隔的时间不应少于7d。

③ 混合料生产过程中，按照材料含水量和天气情况适当调整施工配合比，计量设备定期校验。

④ 桩身强度达到80%后，采用机械清除桩间土，露出桩头，然后采用切割锯按照标高切除桩头，最后筑模浇筑桩帽。

图3-3-79　严格控制拔管速度

图3-3-80　超灌50cm

图 3-3-81　桩头切除

图 3-3-82　桩帽施工

◎ **工作难点3：** 褥垫层铺设不符合要求（图 3-3-83 ~ 图 3-3-86）。

图 3-3-83　褥垫层未压实

图 3-3-84　未分层铺筑碾压

图 3-3-85　积水未排干

图 3-3-86　褥垫层厚度不足

解析

褥垫层材料不符合要求、铺设厚度不够、碾压遍数不够、未设置土工格栅等，造成复合地基不均匀沉降、承载力不符合要求等情况。

（1）应符合以下规定

依据《建筑地基基础工程施工规范》GB 51004—2015第4.12.4条规定，褥垫层铺设宜采用静力压实法。基底桩间土含水量较小时，也可采用动力夯实法。夯填度不应大于0.9。

（2）正确做法（图3-3-87 ~ 图3-3-90）

① 褥垫层铺设应在桩帽混凝土强度达到100%后进行。

② 褥垫层铺设前，应先检查材料粒径、配比、含泥量、有机物含量等，确保原材料合格。

③ 褥垫层铺设前，应先检查桩间土是否完全清理干净并排除场地内积水，对松散的桩间土进行初步夯实。

④ 褥垫层铺设应根据厚度分层摊铺碾压，若设置有土工格栅等材料，摊铺过程中应保护土工格栅不被破坏。压实采用静力压路机静压，不得振动碾压。

图3-3-87 桩间土清理干净

图3-3-88 褥垫层标高测量

图3-3-89 摊铺整平

图3-3-90 土工格栅铺设

3.3.5 水泥（喷浆）搅拌桩

◎**工作难点1：** 垂直度偏差过大（图3-3-91～图3-3-94）。

图3-3-91　单轴机导向架明显偏斜

图3-3-92　无垂直度控制装置

图3-3-93　钻杆倾斜

图3-3-94　三轴机导向架倾斜

解 析

目前的钻机大多采用支腿式机型，如果地形不平，四条腿支得不平或个别腿支撑不牢固，容易导致机架倾斜，机架倾斜则钻杆不垂直。部分支腿不牢固，机架晃动大，也可导致钻杆不垂直，垂直度偏差过大。

（1）应符合以下规定

① 依据《建筑地基基础工程施工规范》GB 51004—2015 第 4.10.2 条第 1 项规定，单轴与双轴水泥土搅拌法施工深度不宜大于18m，搅拌桩机架安装就位应水平，导向架垂直度偏差应小于1/150，桩位偏差不得大于50mm，桩径和桩长不得小于设计值。

② 依据《建筑地基基础工程施工规范》GB 51004—2015 第 4.10.3 条第 1 项规定，三轴水泥土搅拌法施工深度大于30m的搅拌桩宜采用接杆工艺，大于30m的机架应有稳定性措施，导向架垂直度偏差不应大于1/250。

（2）正确做法（图3-3-95～图3-3-97）

① 施工前，先清除表土和淤泥，排干地表水，机械无法进入部位须换填碾压，坡度大的区域须按台阶整平。

② 施工时，机械支腿应支垫牢固，保持在一个平面上，同时调整导向架，使钻杆保持垂直位置，钻进过程中不得因机械振动而使支腿位移。

③ 开钻前，采用经纬仪或吊线锤方式调整钻杆垂直度，单轴与双轴水泥土搅拌法垂直度偏差应小于1/150，三轴水泥土搅拌法垂直度偏差应小于或等于1/250。

图3-3-95　吊线锤检查垂直度

图3-3-96　靠尺检查垂直度

图 3-3-97　垂直度控制较好

◎工作难点2：未按配合比配制水泥浆（图3-3-98～图3-3-101）。

图 3-3-98　无计量设备

图 3-3-99　储浆池设置不规范

图 3-3-100 配合比不准确

图 3-3-101 桩身完整性差

解析

注浆泵损坏、注浆口被堵塞、水泥浆中有硬结块及杂物、水泥浆的水灰比不对、水泥浆泵的调速器运转不正常、泵浆压力不对等，造成喷浆量不准确。

（1）应符合以下规定

① 依据《建筑地基基础工程施工规范》GB 51004—2015 第 4.10.2 条第 2 项规定，单轴和双轴水泥土搅拌桩浆液水灰比宜为 0.55～0.65，制备好的浆液不得离析，泵送应连续，且应采用自动压力流量记录仪。

② 依据《建筑地基基础工程施工规范》GB 51004—2015 第 4.10.3 条第 2 项规定，三轴水泥土搅拌桩水泥浆液的水灰比宜为 1.5～2.0，制备好的浆液不得离析，泵送应连续，且应采用自动压力流量记录仪。

③ 依据《建筑地基基础工程施工质量验收标准》GB 50202—2018 第 4.11.2 条规定，施工中应检查机头提升速度、水泥浆或水泥注入量、搅拌桩的长度及标高。

（2）正确做法（图 3-3-102～图 3-3-105）

① 现场存放水泥应下垫上盖，下垫高度不小于 30cm，其上采用苫布覆盖严密，防止水泥受潮。

② 施工前，做好水泥浆配合比试验，并通过试桩确定各项施工参数。

③ 施工中所使用的水泥应过筛，制备好的浆液不得离析，泵送浆应连续进

行。拌制水泥浆液的罐数、水泥和外掺剂用量以及泵送浆液的时间应记录；喷浆量及搅拌深度应采用经国家计量部门认证的监测仪器进行自动记录。

图 3-3-102　水泥浆搅拌机

图 3-3-103　过程检查

图 3-3-104　水泥浆质量检测

图 3-3-105　成桩质量检测

3.3.6 泥浆护壁混凝土灌注桩

◎**工作难点1：** *泥浆护壁效果差*（图3-3-106～图3-3-109）。

图3-3-106　黏土不合格

图3-3-107　泥浆性能差

图3-3-108　未起到护壁作用而塌孔

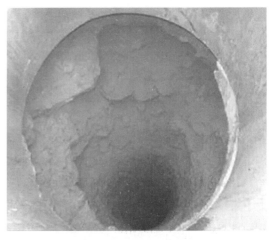

图3-3-109　孔内泥浆高度不够导致塌孔

解析

护壁泥浆密度和浓度不足，起不到可靠的护壁作用；成孔速度太快，在孔壁上来不及形成泥膜，从而造成孔壁坍塌，影响成桩质量。

（1）应符合以下规定

①依据《建筑地基基础工程施工规范》GB 51004—2015第5.6.2条第1项规定，

泥浆可采用原土造浆，不适于采用原土造浆的土层应制备泥浆，制备泥浆的性能指标应符合表3-3-2的规定。

制备泥浆的性能指标　　　　表 3-3-2

项目	性能指标		检验方法
比重	1.10～1.15		泥浆比重计
黏度	黏性土	18～25s	漏斗法
	砂土	25～30s	
含砂率	<6%		洗砂瓶
胶体率	>95%		量杯法
失水量	<30mL/30min		失水量仪
泥皮厚度	1～3mm/30min		失水量仪
静切力	1min：20～30mg/cm^2 10min：50～100mg/cm^2		静切力计
pH值	7～9		pH试纸

② 依据《建筑地基基础工程施工规范》GB 51004—2015 第5.6.2条第2项规定，施工时应维持钻孔内泥浆液面高于地下水位0.5m，受水位涨落影响时，应高于最高水位1.5m。

（2）正确做法（图3-3-110～图3-3-112）

① 制备泥浆选择膨润土或黏性土，含砂率小于6%，且不得含有树根、草皮、垃圾等其他杂质。

② 泥浆制备前应先试配，确定好泥浆性能后方可大面积配备。泥浆配制前须先设置好泥浆池和沉淀池，方便泥浆储存和沉淀，泥浆池须配备泥浆搅拌机，防止泥浆沉淀离析。

③ 钻进过程中，孔内泥浆面始终高于地下水位50cm以上，钻进速度根据地质情况和泥浆制备情况综合确定。

图 3-3-110　膨润土

图 3-3-111　泥浆池

图 3-3-112　护壁效果较好

◎ **工作难点2**：混凝土性能不满足要求（图3-3-113～图3-3-116）。

图3-3-113　混凝土坍落度太小

图3-3-114　混凝土离析

图3-3-115　成桩质量差

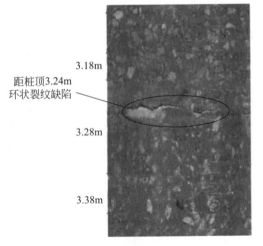

图3-3-116　断桩

解析

混凝土和易性不好，在料斗中的混凝土离析、粗骨料卡入隔水塞或在隔水塞上架桥、导管漏水、混凝土供应不上等，导致导管内混凝土初凝，造成导管堵塞。

（1）应符合以下规定

① 依据《建筑地基基础工程施工规范》GB 51004—2015第5.6.16条第2项规

定，混凝土强度应按比设计强度提高等级配置。

② 依据《建筑地基基础工程施工规范》GB 51004—2015第5.6.16条第3项规定，混凝土应具有良好的和易性，坍落度宜为180～220mm，坍落度损失应满足灌注要求。

③ 依据《建筑地基基础工程施工规范》GB 51004—2015第5.6.17条第1项规定，导管直径宜为200～250mm，壁厚不宜小于3mm，导管的分节长度应根据工艺要求确定，底管长度不宜小于4m，标准节宜为2.5～3.0m，并可设置短导管。

④ 依据《建筑地基基础工程施工规范》GB 51004—2015第5.6.19条规定，混凝土灌注用隔水栓应有良好的隔水性能。隔水栓宜采用球胆或与桩身混凝土强度等级相同的细石混凝土制作的混凝土块。

（2）正确做法（图3-3-117～图3-3-120）

① 拌制混凝土的原材料须检验合格，施工配合比须满足混凝土各项性能指标；混凝土灌注前，应先检测混凝土性能，满足要求后方可灌注。

② 导管使用前应试拼装和试压，使用完毕后应及时进行清洗；导管接头宜采用法兰或双螺纹方扣，使用前须先进行水密性试验，试验水压力为最深孔内最大压力的1.3倍。

③ 混凝土初灌量应满足导管埋入混凝土深度不小于0.8m的要求，导管底部至孔底距离宜为300～500mm；混凝土灌注过程中，导管应始终埋入混凝土内，宜为2～6m，导管应勤提勤拆。

图3-3-117 混凝土坍落度检测

图3-3-118 导管水密性试验

图 3-3-119　桩基浇筑

图 3-3-120　成桩检测

3.3.7　人工挖孔桩

◎ **工作难点1：** 未按要求设置护壁（图 3-3-121～图 3-3-124）。

图 3-3-121　护壁质量差

图 3-3-122　护壁未放钢筋

图 3-3-123　未设置锁口

图 3-3-124　未施工护壁

解析

施工过程中,往往出现护壁混凝土厚度不足、与上节护壁未搭接或未放护壁钢筋等,更甚者出现未设置护壁的情况,达不到安全支护的要求,对施工人员安全构成极大威胁。

(1)应符合以下规定

① 依据《建筑桩基技术规范》JGJ 94—2008 第6.6.6条规定,人工挖孔桩混凝土护壁的厚度不应小于100mm,混凝土强度等级不应低于桩身混凝土强度等级,并应振捣密实;护壁应配置直径不小于8mm的构造钢筋,竖向筋应上下搭接或拉接。

② 依据《建筑桩基技术规范》JGJ 94—2008 第6.6.11条规定,当遇有局部或厚度不大于1.5m的流动性淤泥和可能出现涌土涌砂时,将每节护壁的高度减小到300~500mm,并随挖、随验、随灌注混凝土。

(2)正确做法(图3-3-125~图3-3-128)

① 第一节护壁井圈中心线与设计轴线的偏差不得大于20mm;井圈顶面应比场地高出100~150mm,壁厚应比下面井壁厚度增加100~150mm。

② 护壁的厚度、拉接钢筋、配筋、混凝土强度等级均应符合设计要求;上下节护壁的搭接长度不得小于50mm。

③ 每节护壁均应在当日连续施工完毕;护壁混凝土必须保证振捣密实,应根据土层渗水情况使用速凝剂;护壁模板的拆除应在灌注混凝土24h之后。

④ 发现护壁有蜂窝、漏水现象时,应及时补强;同一水平面上的井圈任意直径的极差不得大于50mm。

图3-3-125 井圈定位

图3-3-126 护壁钢筋安装

图 3-3-127　护壁垂直度测量

图 3-3-128　护壁成型效果

◎**工作难点2：**施工作业不符合安全要求（图 3-3-129 ~ 图 3-3-132）。

图 3-3-129　未通风

图 3-3-130　孔口无安全防护

图 3-3-131　渣土堆放在孔口

图 3-3-132　无爬梯和安全绳

解析

施工人员未按要求采取防护措施，如上下孔未设置安全爬梯、孔口未设置防护、未进行有毒有害气体检测等，容易发生高处坠落、窒息、中毒等安全事故。

（1）应符合以下规定

① 依据《建筑桩基技术规范》JGJ 94—2008 第6.6.7条第1项规定，人工挖孔桩施工孔内必须设置应急软爬梯供人员上下；使用的电葫芦、吊笼等应安全可靠，并配有自动卡紧保险装置，不得使用麻绳和尼龙绳吊挂或脚踏井壁凸缘上下；电葫芦宜用按钮式开关，使用前必须检验其安全起吊能力。

② 依据《建筑桩基技术规范》JGJ 94—2008 第6.6.7条第2项规定，每日开工前必须检测井下的有毒、有害气体，并应有相应的安全防范措施；当桩孔开挖深度超过10m时，应有专门向井下送风的设备，风量不宜小于25L/s。

（2）正确做法（图3-3-133 ~ 图3-3-134）

① 每日作业前，安全员组织人员进行班前教育，说明当日安全注意事项，检查安全防护设施是否齐全，确保准备工作齐全后方可下井作业。

② 孔口四周必须设置护栏，护栏高度不小于0.8m，每日下班后采用安全网对孔口覆盖，并关闭护栏。

③ 挖出的土石方应及时运离孔口，不得堆放在孔口周边1m范围内，机动车辆的通行不得对井壁的安全造成影响。

图3-3-133　安全设施齐全

图3-3-134　孔口安全防护

3.3.8 先张法预应力管桩

◎**工作难点1：** 打桩顺序不合理（图3-3-135）。

图3-3-135　打桩顺序不合理

解析

未根据地质情况制定符合实际的打桩顺序，未遵循先深后浅、由中间向两边的顺序，导致桩体贯入度不够，从而影响地基承载力。

（1）应符合以下规定

① 依据《建筑桩基技术规范》JGJ 94—2008第7.4.4条第3项规定，根据基础的设计标高，宜先深后浅。

② 依据《建筑桩基技术规范》JGJ 94—2008第7.4.4条第4项规定，根据桩的规格，宜先大后小，先长后短。

（2）正确做法（图3-3-136～图3-3-137）

① 打桩前，调查地下是否有管线，周边是否有结构物，并复核现场地质情况是否与设计相符。

② 根据现场调查及复核情况制定打桩顺序和选定打桩机械，打桩顺序须符合《建筑桩基技术规范》JGJ 94—2008第7.4.4条规定。

③ 对于密集桩群，自中间向两个方向或四周对称施打；当一侧毗邻建筑物时，由毗邻建筑物处向另一方向施打。

图 3-3-136　由中间向两边打桩

图 3-3-137　成桩效果较好

◎**工作难点2**：未按要求控制桩体垂直度（图3-3-138 ～ 图3-3-139）。

图 3-3-138　垂直度不符合要求

图 3-3-139　无垂直度检查仪器

解析

压桩前，未采用经纬仪或吊线锤测量桩体垂直度，导致首节桩体垂直度偏差超过允许范围，同时，地层中的孤石、卵石层、硬土层等均会对桩体垂直度造成影响。

（1）应符合以下规定

① 依据《建筑桩基技术规范》JGJ 94—2008第7.4.3条第3～4项规定，桩打入时，桩锤、桩帽或送桩帽应和桩身在同一中心线上，桩插入时的垂直度偏差不得超过0.5%。

② 依据《建筑桩基技术规范》JGJ 94—2008第7.4.13条规定，施工现场应配备桩身垂直度观测仪器（长条水准尺或经纬仪）和观测人员，随时量测桩身的垂直度。

（2）正确做法（图3-3-140～图3-3-141）

① 沉桩过程中应严格控制桩身的垂直度。采用经纬仪进行垂直度控制，在距桩机15～25m处呈90°方向设置经纬仪各一台，测定导杆和桩身的垂直度。当无经纬仪时，也可采用吊线锤测定垂直度，测定原理与经纬仪相同。

② 第一节桩下压时垂直度偏差不应大于0.5%，压桩过程中应随时测量桩身的垂直度。当桩身垂直度偏差大于1%的时，应找出原因并设法纠正；当桩尖进入较硬土层后，严禁用移动机架等方法强行纠偏。

图3-3-140 经纬仪测量垂直度

图3-3-141 吊线锤控制垂直度

◎**工作难点3**：接桩焊接质量控制不到位（图3-3-142～图3-3-143）。

图3-3-142 焊接质量差

图3-3-143 接头处断桩

解析

管桩接头在现场焊接，受现场条件、焊工技术水平、天气气候等因素影响，接头焊接质量难以保证。在沉桩过程中，接头部位受到振动、锤击后容易受损断裂。

（1）应符合以下规定

① 依据《建筑桩基技术规范》JGJ 94—2008第7.3.2条规定，焊接接桩，钢板宜采用低碳钢，焊条宜采用E43；并应符合现行行业标准的要求。

② 依据《公路软土地基路堤设计与施工技术细则》JTG/T D31—02—2013第7.8.5条第3项规定，焊接接桩时，焊缝应连续饱满，满足三级焊缝的要求；因施工误差等因素造成的上、下桩端头间隙应采用厚薄适当的楔形铁片填实焊牢。

（2）正确做法（图3-3-144～图3-3-147）

① 接桩时，下节桩段的桩头宜高出地面0.5m，下节桩的桩头处宜设导向箍。接桩时上下节桩段应保持顺直，错位偏差不宜大于2mm。接桩就位纠偏时，不得采用大锤横向敲打。

② 桩对接前，上下端板表面应采用铁刷子清刷干净，坡口处应刷至露出金属光泽。

③ 焊接宜在桩四周对称地进行，待上下节桩固定后拆除导向箍再分层施焊；焊接层数不得少于2层，第一层焊完后必须把焊渣清理干净，方可进行第二层（的）施焊，焊缝应连续、饱满。

④ 焊好后的桩接头自然冷却后方可继续锤击，自然冷却时间不宜少于8min；严禁采用水冷却或焊好即施打。

图3-3-144　接头高度符合要求

图3-3-145　接头施焊

图3-3-146　焊缝饱满

图3-3-147　质量检测

3.4　地下防水工程

3.4.1　卷材防水

◎**工作难点1**：基层处理不净、附加层施工不细致，大面积铺贴粘结不牢以及搭接处开裂（图3-4-1～图3-4-2）。

图 3-4-1　防水卷材与基层粘结不牢

图 3-4-2　防水卷材搭接部位开裂漏水

解析

卷材搭接不严，造成防水层搭接处漏水或防水性能差；阴阳角处理不到位，造成后期渗漏水，此缺陷存在将大大削弱防水层的防水性能。

（1）应符合以下规定

① 防水卷材铺贴时搭接宽度应符合表 3-4-1 要求。

防水卷材搭接宽度　　　　　　　表 3-4-1

卷材品种	搭接宽度（mm）
弹性体改性沥青防水卷材	100
改性沥青聚乙烯胎防水卷材	100
自粘聚合物改性沥青防水卷材	80
三元乙丙橡胶防水卷材	100/60（胶粘剂/胶粘带）
聚氯乙烯防水卷材	60/80（单焊缝/双焊缝）
	100（胶粘剂）
聚乙烯丙纶复合防水卷材	100（胶粘剂）
高分子自粘胶膜防水卷材	70/80（自粘胶/胶粘带）

② 地下建筑中的特殊部位，如变形缝、施工缝、后浇带、穿墙管（盒）、预埋件、预留通道接口、桩头等细部构造，应加强防水措施，并应避免管线在地下水位以下高度穿越。

③ 结构底板垫层混凝土部位的卷材可采用空铺法或点粘法施工，其粘结位置、点粘面积应按设计要求确定；侧墙采用外防外贴法的卷材及顶板部位的卷材应采用满粘法施工。

④ 卷材与基面、卷材与卷材间的粘结应紧密、牢固；铺贴完成的卷材应平整

顺直，搭接尺寸应准确，不得产生扭曲和皱褶。

⑤卷材搭接处和接头部位应粘贴牢固，接缝口应封严或采用材性相容的密封材料封缝。

⑥铺贴立面卷材防水层时，应采取防止卷材下滑的措施。

⑦铺贴双层卷材时，上下两层和相邻两幅卷材的接缝应错开1/3～1/2幅宽，且两层卷材不得相互垂直铺贴。

（2）正确做法（图3-4-3～图3-4-8）

①基层处理时，涂刷基层处理剂之前将基层清理干净，涂刷时要求均匀，不露底；底板四周的砖胎膜要求抹灰；基层阴阳角应做成圆弧或45°坡角。

图3-4-3 基层处理剂涂刷均匀，不露底

图3-4-4 砖胎膜抹灰、基层阴阳角做成圆弧

②附加层施工时，在转角处、施工缝、阴阳角、后浇带、穿墙管等部位应铺贴卷材加强层，加强层宽度不应小于500mm，附加层卷材铺贴时，不要拉紧，要自然松铺，无褶皱即可；如果细节处理不好，容易造成地下结构的防水失败。

图3-4-5 阴角处铺贴卷材附加层

图3-4-6 转角处铺贴卷材附加层

③ 热熔法大面积卷材铺贴时，为避免粘结不牢以及搭接处开裂，卷材施工时，采用汽油喷灯或专用火焰喷枪直接加热基层与卷材交接处，应在卷材的沥青刚刚熔化时进行滚动铺设，随时注意卷材的平整顺直和搭接的宽度，其后跟随一人用棉纱团等从中间向两边抹压卷材，排出卷材下面的空气，并用刮刀将溢出的热熔胶刮压接边缝，另一人用压辊压实卷材，使之粘结牢固，表面平展，无皱褶现象。

图 3-4-7　热熔法施工工艺，以沥青浆外漏为准

图 3-4-8　防水卷材铺贴示意图

3.4.2　涂料防水

◎ **工作难点**：防水涂料厚度不足、不均匀，基层粘结不牢，成品保护不到位（图 3-4-9 ~ 图 3-4-10）。

图 3-4-9　防水涂料厚度不足

图 3-4-10　防水涂料厚度不均匀

解析

防水涂料施工完成后,因涂刷遍数不足,导致防水厚度不足或厚度不均匀。基层起砂、起皮、松动导致涂料膜与基层粘结不牢。成品保护不到位,在已完工的防水层上打眼凿洞。

(1)应符合以下规定

① 无机防水涂料基层表面应干净、平整,无浮浆和明显积水。

② 有机防水涂料基层表面应基本干燥,不应有气孔、凹凸不平、蜂窝麻面等缺陷。涂料施工前,基层阴阳角应做成圆弧形。

③ 防水涂料的配制应按涂料的技术要求进行。

④ 防水涂料应分层刷涂或喷涂,涂层应均匀;不得漏刷漏涂;接槎宽度不应小于100mm。

⑤ 铺贴胎体增强材料时,应使胎体层充分浸透防水涂料,不得有露槎及褶皱。

(2)正确做法(图3-4-11)

基层必须干燥平整,不得有孔洞,在做防水施工前必须做好找平层;检查基层的强度,不得起砂、起皮、松动;涂刷时必须分遍,等这一涂层干后再进行下一涂层施工,涂料稠度要因时因地调整;涂膜防水层做完之后,要严格加以保护,在防水保护层未做之前,封闭门口和通道,任何人不得进入,以免损坏防水层;防水涂料施工前,水、电等专业管线安装完毕后签署联签单,避免涂料施工后开孔破坏防水。

图3-4-11 涂料防水正确做法

3.4.3 细部构造防水

◎**工作难点1**:施工缝处中埋式镀锌钢板止水带拐角处连接与平面焊接不规范,容易造成漏水(图3-4-12~图3-4-13)。

图3-4-12　接口单面焊接且未焊满

图3-4-13　止水钢板拐角处无焊接

解析

（1）应符合以下规定

依据《地下防水工程质量验收规范》GB 50208—2011第5.1.2条规定，施工缝防水构造必须符合设计要求。第4.6.3条规定，金属板的拼接及金属板与工程结构的锚固件连接应采用焊接。金属板的拼接焊缝应进行外观检查和无损检验。

（2）正确做法（图3-4-14～图3-4-15）

止水钢板基本就位，钢板之间应尽量减少接口，钢板之间的接口可采用搭接焊接，搭接长度宜大于400mm，焊缝必须满焊。接头必须为搭接焊接，搭接长度应不小于50mm，必须四个方向焊接，焊缝必须饱满，无夹渣、咬肉、气泡；拐角处采用"T"字形焊接或者"7"字形焊接。

图3-4-14　焊口满焊，搭接长度满足要求

图3-4-15　转角处采用"7"字形焊接

◎**工作难点2：** 桩头水泥基渗透结晶型防水涂料涂刷不均匀，桩头周围未做过渡层或面积不够；因钢筋未调直或部分钢筋焊接加长导致未在钢筋底部安装止水条或止水胶（图3-4-16）。

图3-4-16　桩预留钢筋未套止水条

解析

（1）应符合以下规定

依据《地下防水工程质量验收规范》GB 50208—2011第5.7.4条规定，桩头顶面和侧面裸露处应涂刷水泥基渗透结晶型防水涂料，并延伸到结构底板垫层150mm处；桩头周围300mm范围内应抹聚合物水泥防水砂浆过渡层。第5.7.6规定，桩头的受力钢筋根部应采用遇水膨胀止水条或止水胶，并应采取保护措施。

（2）正确做法（图3-4-17）

水泥基渗透结晶型防水涂料延伸到结构底板垫层150mm处；桩头周围300mm范围内抹聚合物水泥防水砂浆过渡层。桩头剔凿，钢筋调直后应首先安装止水条，其后方可进行其他操作。

图3-4-17　桩头防水做法示意图

◎**工作难点3**：变形缝内存在杂物，嵌填的密封材料水密性差导致施工缝漏水，变形缝两侧洇湿、渗水，造成污染发黑发霉，影响美观。

解析

（1）应符合以下规定

依据《地下防水工程质量验收规范》GB 50208—2011第5.2.1条规定，变形缝用止水带、填缝材料和密封材料必须符合设计要求。第5.2.3条规定，中埋式止水带埋设位置应准确，其中间空心圆环与变形缝的中心线应重合。第5.2.5条规定，中埋式止水带在转角处应做成圆弧形；顶板、底板内止水带应安装成盆状，并宜采用专用钢筋套或扁钢固定。

（2）正确做法（图3-4-18）

变形缝的施工应满足以下要求：

① 基础、圈梁混凝土的变形缝必须断开，施工时应采用木板隔开处理。变形缝内严禁掉入砌筑砂浆和其他杂物，缝内应保持洁净、贯通，按规范要求填油麻丝外加盖镀锌铁板。密闭镀铁盖板的制作应符合变形缝工作构造要求，确保沉降、伸缩的正常性。安装盖板必须整齐、平整、牢固，接头处顺水方向压接严密。

② 在承受高温和水压的地下工程中，结构变形缝宜采用1～2mm厚的紫铜板或不锈钢板制成的金属止水带。

③ 采用埋入式橡胶或塑料止水带的变形缝施工时，止水带的位置应准确，圆环中心应在变形缝的中心线上。止水带应固定，浇筑混凝土前必须清洗干净，不得留有泥土杂物，以免影响与混凝土的粘结。

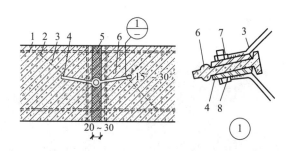

图3-4-18 一种中埋止水带固定防水做法

1—结构主筋；2—混凝土结构；3—固定用钢筋；4—固定止水带用扁钢；5—填缝材料；
6—中埋式止水带；7—螺母；8—双头螺杆

④ 止水带的接头应尽可能设置在变形缝的水平部位，不得设置在变形缝的转角处。转角处的金属止水带应做成圆弧形。

◎**工作难点4**：穿墙管在施工预留时未加焊止水环或未使用套管，导致水顺墙管漏水；穿墙线未做套管、管内无封堵材料导致存在漏水隐患（图3-4-19～图3-4-20）。

图3-4-19　墙管未加止水环

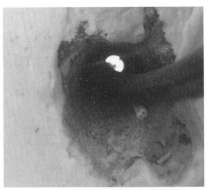
图3-4-20　穿墙线后开孔，无套管、封堵措施

解析

（1）应符合以下规定

依据《地下防水工程质量验收规范》GB 50208—2011第5.4.3条规定，固定式穿墙管应加焊止水环或环绕遇水膨胀止水圈，并作好防腐处理；穿墙管应在主体结构迎水面预留凹槽，槽内应用密封材料嵌填密实。

（2）正确做法（图3-4-21～图3-4-23）

穿墙管（盒）应在浇筑混凝土前预埋，穿墙管应采用套管式防水法，套管外应加焊止水环，套管内管线用密封材料嵌填密实。

图3-4-21　穿墙管套管止水环

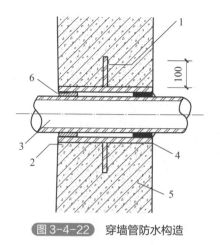

图 3-4-22 穿墙管防水构造

1—止水环；2—嵌缝材料；3—主管；4—套管；
5—混凝土结构；6—填缝材料

图 3-4-23 穿墙管套内与穿墙电缆间嵌缝

◎ **工作难点5：** 穿墙孔口一面有柔性防水材料，孔口处漏做加强层，存在防水隐患（图3-4-24）。

图 3-4-24 穿墙孔口防水卷材未做附加层

解析

（1）应符合以下规定

依据《地下防水工程质量验收规范》GB 50208—2011第5.4.6条规定，当主体结构迎水面有柔性防水层时，防水层与穿墙管连接处应增设加强层。

（2）正确做法（图3-4-25）

主体结构迎水面设置防水卷材做法时，孔口连接处按规范应增设加强层。

图3-4-25 穿墙孔口防水卷材设附加层

第4章 主体结构工程

4.1 混凝土结构工程

4.1.1 钢筋

◎**工作难点1**：钢筋加工尺寸、弯折不符合规范要求（图4-1-1～图4-1-4）。

图4-1-1 梁钢筋长度不足

图4-1-2 剪力墙水平钢筋长度不足

图4-1-3 柱子箍筋平直段长度不足10d

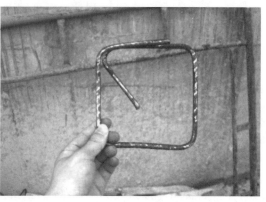

图4-1-4 柱子箍筋弯钩不满足135°

解析

钢筋弯折半径、弯折角度、弯折后平直段长度应满足以下设计规范要求。

（1）应符合以下规定

1）钢筋加工的形状、尺寸必须符合设计及规范要求

钢筋的表面应清洁、无损伤，油渍、漆污和铁锈应在加工前清除干净。带有颗粒状或片状老锈的钢筋不得使用。

2）钢筋应平直，无局部曲折

钢筋加工宜在常温状态下进行，加工过程中不应对钢筋进行加热。钢筋应一次弯折到位。

钢筋调直宜采用机械方法，也可以采用冷拉方法。当采用冷拉方法调直钢筋时，HPB300钢筋的冷拉率不宜大于4%，HRB400、HRB500、HRBF400、HRBF500及RRB400带肋钢筋的冷拉率不宜大于1%。钢筋调直过程中不应损伤带肋钢筋的横肋，调直后的钢筋应平直，不应有局部弯折。

3）受力钢筋的弯钩和弯折应符合以下规定

① 光圆钢筋末端应作180°弯钩，其弯弧内直径不应小于钢筋直径的2.5倍，弯钩的弯后平直部分长度不应小于钢筋直径的3倍。作受压钢筋使用时，光圆钢筋末端可不作弯钩（图4-1-5）。

② 当设计要求钢筋末端须作135°弯钩时，HRB400钢筋的弯弧内直径不应小于钢筋直径的4倍，弯钩的弯后平直部分长度应符合设计要求（图4-1-6）。

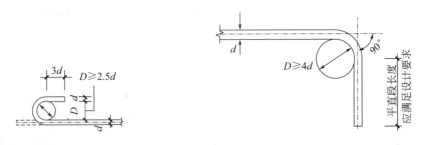

图4-1-5　光圆钢筋末端180°弯钩加工图　　图4-1-6　400MPa级带肋钢筋弯钩加工图

③ 直径为28mm以下的500MPa级带肋钢筋的弯弧内直径不应小于钢筋直径的6倍，直径为28mm及以上的500MPa级带肋钢筋的弯弧内直径不应小于钢筋直径的7倍。

④ 框架结构的顶层端节点位置，梁上部纵向钢筋、柱外侧纵向钢筋在此节点角部弯折处，当钢筋直径为28mm以下时，弯弧内直径不宜小于钢筋直径的12倍；

钢筋直径为28mm及以上时，弯弧内直径不宜小于钢筋直径的16倍。

⑤箍筋弯折处的弯弧内直径尚不应小于纵向受力钢筋直径。

⑥除焊接封闭箍筋外，箍筋、拉筋的末端应按设计要求作弯钩。当设计无具体要求时，应符合下列规定：

对一般结构构件，箍筋弯钩的弯折角度不应小于90°，弯折后平直部分长度不应小于箍筋直径的5倍；对有抗震设防要求及设计有专门要求的结构构件，箍筋弯钩的弯折角度不应小于135°，弯折后平直部分长度不应小于箍筋直径的10倍和75mm的较大值（图4-1-7）。

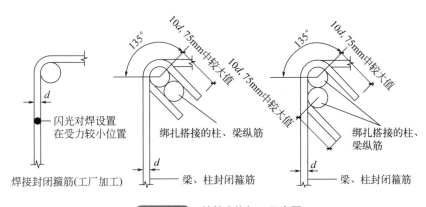

图4-1-7 箍筋弯钩加工示意图

圆形箍筋的搭接长度不应小于其受拉锚固长度，且两末端均应作不小于135°的弯钩。弯折后的平直段长度，对一般结构构件不应小于箍筋直径的5倍，对有抗震设防要求的结构构件不应小于箍筋直径的10倍和75mm的较大值。螺旋箍筋加工时，螺旋箍筋开始与结束的位置应有水平段，长度不小于一圈半，并每隔1~2m加一道直径12mm的内环定位筋（图4-1-8）。

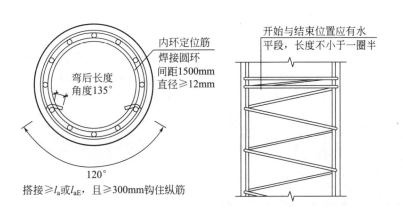

图4-1-8 圆弧箍筋弯钩加工示意图

⑦拉筋及拉结筋加工应符合以下规定：

拉筋用作梁、柱复合箍筋中单肢箍筋或梁腰筋拉结筋时，两端弯钩的弯折角度均不应小于135°（图4-1-9）。

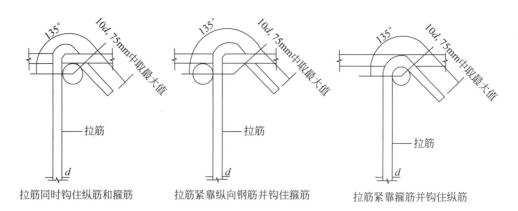

图4-1-9　拉筋不同形式下的加工示意图

拉筋用作剪力墙等构件中的拉结筋，两端弯钩可采用135°弯折；或采用一端135°弯钩，另一端90°弯钩（安装完成后宜将90°弯钩再弯折成135°），弯折后平直段长度不应小于拉筋直径的5倍（图4-1-10）。

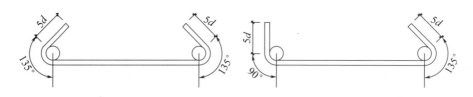

图4-1-10　拉结筋不同形式的加工示意图

（2）正确做法（图4-1-11～图4-1-13）

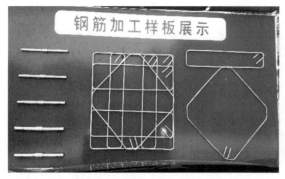

图4-1-11　柱子箍筋加工样板

图4-1-12　墙内拉筋135°弯钩

图 4-1-13　箍筋加工成品

◎**工作难点2：**钢筋加工套丝不符合规范要求（图4-1-14～图4-1-15）。

图 4-1-14　直螺纹钢筋接头界面不平整

图 4-1-15　钢筋套丝后端头未打磨

解析

钢筋接头未采用无齿锯进行切割，钢筋接头套丝机未调试准确、套丝直径偏差，成品保护不到位、套丝生锈等问题，导致钢筋机械套筒连接不满足规范要求。

（1）应符合以下规定

① 钢筋接头的加工经工艺检验合格，并确定其各项工艺参数后方可进行。直螺纹丝头长度、完整丝扣圈数、套筒长度根据厂家提供的"钢筋滚轧直螺纹丝头尺寸参数表""标准型连接套筒参数表"确定。

② 丝头加工时应使用水性润滑液，不得使用油性润滑液。当气温低于0℃时，应掺入15%～20%亚硝酸钠，不宜使用油性切削液或不加润滑液加工。

③ 直螺纹连接的钢筋下料时应采用无齿锯切割，其端头界面应与钢筋轴线垂

直，不得翘曲。丝头表面不得有影响接头性能的损坏及锈蚀，钢筋端部应切平或镦平后加工螺纹，锻粗头不得有与钢筋轴线相垂直的横向裂纹，钢筋丝头长度应满足企业标准中产品设计要求，极限偏差应为 $0 \sim 2.0p$（p 为螺距），钢筋丝头宜满足 6f 级精度要求（图 4-1-16 ~ 图 4-1-17）。

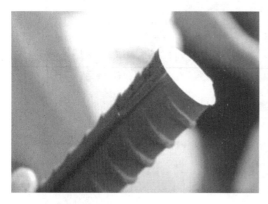
图 4-1-16　直螺纹连接的钢筋下料前端部应切平

图 4-1-17　直螺纹连接的钢筋套丝后端部再次打磨

④ 丝头尺寸的检验：对已加工好的丝扣端要用牙形规及卡规逐个进行检查，应采用专用直螺纹量规检查，通规应能顺利旋入并达到要求的拧入长度，止规旋入不得超过 $3p$。抽检数量 10%，检验合格率不应小于 95%。合格后应立即将其拧上塑料保护帽，以利保护和运输（图 4-1-18 ~ 图 4-1-21）。

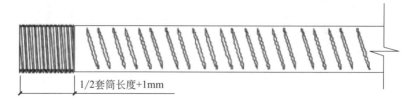
图 4-1-18　直螺纹加工示意图

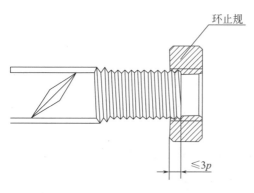

图 4-1-19　直螺纹检查 - 环止规

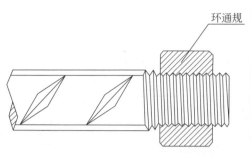 

图 4-1-20　直螺纹检查 - 环通规

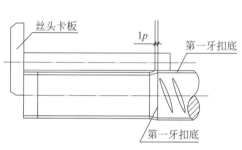 

图 4-1-21　直螺纹检查 - 丝头卡板

（2）正确做法（图 4-1-22～图 4-1-23）

图 4-1-22　钢筋丝头切割打磨　　　图 4-1-23　钢筋丝头保护帽

◎ **工作难点3：钢筋搭接连接不符合要求**（图4-1-24～图4-1-25）。

图4-1-24　钢筋搭接连接长度不足

图4-1-25　钢筋搭接区域未三点绑扎

解析

钢筋搭接连接长度不足，搭接范围未采用三点绑扎。

（1）应符合以下规定

① 钢筋的接头宜设置在受力较小处。同一纵向受力钢筋不宜设置2个或2个以上的接头。接头末端至钢筋弯起点的距离不应小于钢筋公称直径的10倍。

② 当纵向受力钢筋采用绑扎搭接接头时，设置在同一构件内的接头宜相互错开。钢筋的绑扎搭接接头应在接头中心和两端用铁丝扎牢，即不少于3个绑扣（图4-1-26）。

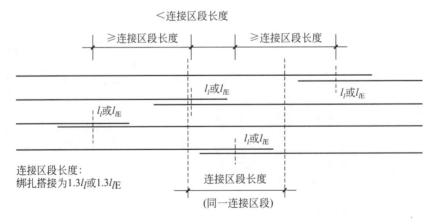
图4-1-26　同一连接区段内纵向受拉钢筋绑扎搭接接头

同一连接区段内，纵向受力钢筋的接头面积百分率应符合下列规定：

在受拉区不宜超过50%，但装配式混凝土结构构件连接处可根据实际情况适当放宽；受压接头可不受限制。

接头不宜设置在有抗震要求的框架梁端、柱端的箍筋加密区；当无法避开时，对等强度高质量机械连接接头，不应超过50%。

直接承受动力荷载的结构构件中，不宜采用焊接接头；当采用机械连接接头时，不应超过50%。

③ 当纵向受力钢筋采用机械连接接头或焊接接头时，设置在同一构件内的接头宜相互错开（图4-1-27）。

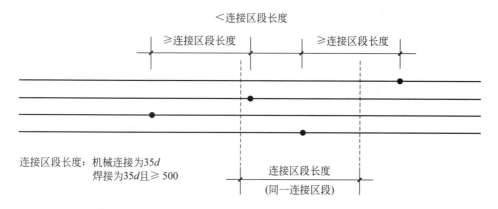

图4-1-27 同一连接区段内纵向受拉钢筋绑扎机械连接、焊接接头

同一连接区段内，纵向受拉钢筋绑扎搭接接头面积百分率应符合以下规定：

梁、板类构件不宜超过25%，基础筏板不宜超过50%。

柱类构件，不宜超过50%。

当工程中确有必要增大接头面积百分率时，对梁类构件，不应大于50%；对其他构件，可根据实际情况适当放宽。

④ 每层柱第一个钢筋接头位置距楼地面高度不宜小于500mm、柱高的1/6及柱截面长边（或直径）的较大值，嵌固端部位为大于或等于柱净高的1/3（图4-1-28）。

⑤ 连续梁、板的上部钢筋接头位置宜设置在跨中1/3跨度范围内，下部钢筋接头位置宜设置在梁端1/3跨度范围内。

（2）正确做法（图4-1-29～图4-1-30）

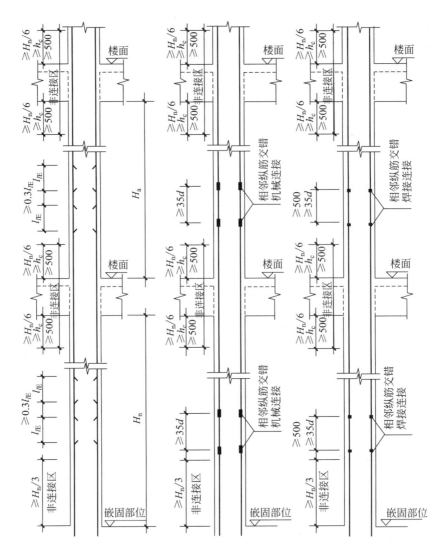

图 4-1-28 绑扎搭接、机械连接、焊接连接示意图

图 4-1-29 墙体钢筋三点绑扎

图 4-1-30 梁上铁钢筋绑扎搭接在跨中 1/3 范围

◎**工作难点4**：钢筋机械连接不符合要求（图4-1-31）。

图4-1-31　直螺纹钢筋接头外露丝扣超过$2p$

解析

钢筋机械连接未套筒未拧紧。

（1）应符合以下规定

① 连接前应检查钢筋螺纹及连接钢套内的直螺纹是否完好无损，并将丝扣上的水泥浆、污物等清理干净。连接时将已拧套筒的上层钢筋拧到被连接钢筋上，用力矩扳手按规定的力矩值把钢筋拧紧，直到扳手发出声响，并随手画上油漆标记，以防有的钢筋接头漏拧（图4-1-32～图4-1-33）。

图4-1-32　直螺纹钢筋套丝保护　　　　图4-1-33　直螺纹套丝除锈

② 安装接头时可用管钳扳手拧紧，钢筋丝头应在套筒中央位置相互顶紧，标准型、正反丝型、异径型接头安装后的单侧外露螺纹不宜超过2p；对无法对顶的其他直螺纹接头，应采取附加锁紧螺母、顶紧凸台等措施紧固。

③ 接头安装后应用扭力扳手校核拧紧扭矩，最小拧紧扭矩值应符合表4-1-1的规定。

直螺纹接头安装时最小拧紧扭矩值　　　　　表4-1-1

钢筋直径（mm）	≤16	18～20	22～25	28～32	36～40	50
拧紧扭矩（N·m）	100	200	260	320	360	460

④ 校核用扭力扳手的准确度级别可选用10级。

（2）正确做法（图4-1-34～图4-1-35）

图4-1-34　单边外露丝扣不大于2p　　　图4-1-35　拧紧接头做好标记

◎ **工作难点5：** 钢筋焊接连接不符合要求（图4-1-36～图4-1-39）。

图4-1-36　焊接接头成型不良　　　图4-1-37　焊接接头存在偏包严重、上翻等缺陷

图 4-1-38　焊接长度不足

图 4-1-39　焊缝不饱满

解 析

钢筋电渣压力焊接成型质量差，搭接焊接长度不足，焊接质量差。

（1）应符合以下规定

① 钢筋搭接焊时宜采用双面焊，当不能进行双面焊时，方可采用单面焊，搭接长度见表 4-1-2。

不同钢筋对应的焊缝长度　　　　　　　　　　表 4-1-2

钢筋牌号	焊缝形式	焊缝长度 l
HPB300	单面焊	≥ $8d$
	双面焊	≥ $4d$
HRB400、HRBF400、HRB500 HRBF500、RRB400W	单面焊	≥ $10d$
	双面焊	≥ $5d$

注：d 为焊接钢筋直径。

② 搭接焊接头的焊缝厚度 s 不应小于主筋直径的 0.3 倍；焊缝宽度 b 不应小于主筋直径的 0.8 倍（图 4-1-40）。

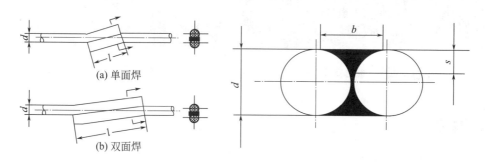

图 4-1-40　焊接示意图

b—焊缝宽度；s—焊缝厚度；d—钢筋直径；l—搭接长度

③ 细晶粒热轧钢筋及直径大于28mm的普通热轧钢筋，其焊接参数应经试验确定；余热处理钢筋不宜焊接。

④ 电渣压力焊只应使用于柱、墙等构件中竖向受力钢筋连接，且电渣压力焊焊接不得用于焊接直径大于22mm的钢筋。

（2）正确做法（图4-1-41～图4-1-42）

图4-1-41 电渣压力焊成型

图4-1-42 搭接单面焊焊缝饱满

◎**工作难点6**：钢筋安装、绑扎不符合要求（图4-1-43～图4-1-44）。

图4-1-43 墙体钢筋偏斜

图4-1-44 板钢筋扭曲变形

解析

钢筋安装定位位置偏差大，绑扎不牢固。

（1）应符合以下规定

① 墙体竖向钢筋定位应采用梯子筋，竖向梯子筋可替代原墙体钢筋，采用比

墙筋高一规格的钢筋制作；竖向定位梯子筋间距1.2～1.5m，且一面墙不宜少于两道；竖向梯子筋起步筋距地30～50mm；每个竖向梯子筋上、中、下各设一道顶模筋，顶模筋的长度为墙厚减2mm，顶模筋端头须磨平并刷防锈漆，长度不小于10mm；立筋排距根据墙身钢筋保护层厚度计算（图4-1-45）。

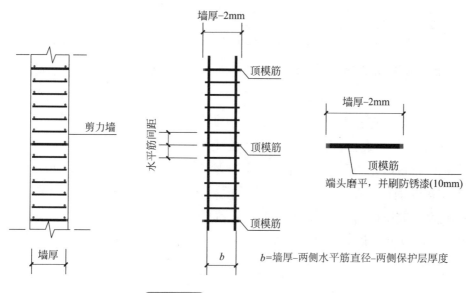

图4-1-45 竖向梯子筋加工示意图

② 墙体水平钢筋定位梯子筋应单独设置，不占用原墙筋位置；水平梯子筋宜安装在顶板标高以上100mm位置，加强对墙体钢筋定位控制。水平梯子筋周转使用，其钢筋宜采用比墙体水平筋大一规格的钢筋制作。水平梯子筋宜专墙专用（图4-1-46）。

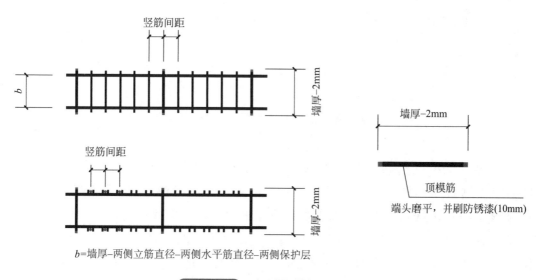

图4-1-46 水平梯子筋加工示意图

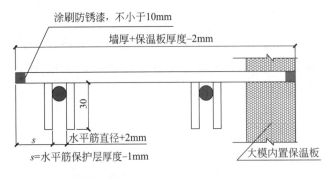

图 4-1-47 双 F 卡加工示意图 - 有保温

③ 墙体局部应设置钢筋定位双 F 卡，双 F 卡制作时，卡子钢筋两端用无齿锯切割，并刷防锈漆，防锈漆应由端头往里刷 1cm；设置双 F 卡处不需再设置垫块；大模板内置外墙外保温处双 F 卡长度应包括保温板厚度；在墙体内预留线盒、电箱部位设置双 F 卡，以控制局部钢筋保护层厚度，防止预埋线盒及电箱因钢筋位移而埋入墙体（图 4-1-47）。

④ 当框架柱混凝土单独浇筑时，宜在柱模板上口内设置定位措施，并在混凝土浇筑面 300mm 以上设置柱钢筋定位框；当框架柱与梁板混凝土一起浇筑时，柱主筋应与梁板钢筋全数绑扎，并在梁、顶板上皮标高 300mm 以上设置柱钢筋定位框；柱钢筋定位框应有足够的刚度，并符合钢筋保护层、排距、间距等尺寸要求；柱钢筋定位框可周转使用（图 4-1-48）。

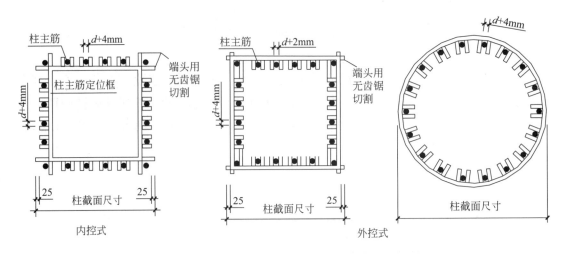

图 4-1-48 柱钢筋定位框加工示意图（指卡状）

⑤ 钢筋的绑扎搭接接头应在接头中心和两端用铁丝扎牢；墙、柱、梁钢筋骨架中各垂直面钢筋网交叉点应全数绑扎；板上部钢筋网的交叉点应全数绑扎，底部钢筋网除边缘部分外可间隔交错绑扎；梁、柱的箍筋弯钩及焊接封闭箍筋的焊点应沿纵向受力钢筋方向错开设置；构造柱纵向钢筋宜与承重结构同步绑扎；梁及柱中箍筋、墙中水平分布钢筋、板中钢筋距构件边缘的起始距离宜为 50mm。

⑥ 构件交接处的钢筋位置应符合设计要求。当设计无具体要求时，主要受力构件和构件中主要受力方向的钢筋位置应满足图集相应要求。框架节点处梁纵向受力钢筋宜放在柱纵向钢筋内侧；当主次梁底部标高相同时，次梁下部钢筋应放在主梁下部钢筋之上；剪力墙中水平分布钢筋宜放在外侧，并宜在墙端弯折锚固。

⑦ 钢筋安装应采用定位件固定钢筋的位置，并宜采用专用定位件。定位件应具有足够的承载力、刚度、稳定性和耐久性。定位件的数量、间距和固定方式，应能保证钢筋的位置偏差符合国家现行有关标准的规定。混凝土框架梁、柱保护层内，不宜采用金属定位件。

⑧ 采用复合箍筋时，箍筋外围应封闭。梁类构件复合箍筋内部，宜选用封闭箍筋，奇数肢也可采用单肢箍筋；柱类构件复合箍筋内部可部分采用单肢箍筋。

（2）正确做法（图4-1-49～图4-1-52）

图4-1-49　墙体梯子筋正确做法

图4-1-50　柱定位箍正确做法

图4-1-51　墙柱钢筋安装

图4-1-52　梁板钢筋绑扎

◎**工作难点7：**钢筋保护层厚度控制不符合要求（图4-1-53～图4-1-56）。

图4-1-53　板底钢筋未设置保护层垫块

图4-1-54　梁底钢筋未设置保护层垫块

图4-1-55　底板底筋保护层厚度不够

图4-1-56　梁底未设置保护层垫块

解析

（1）应符合以下规定

混凝土保护层是指混凝土构件中，起到保护钢筋避免钢筋直接裸露的那一部分混凝土，混凝土保护层厚度是指从混凝土表面到最外层钢筋（包括箍筋、构造筋、分布筋）公称直径外边缘之间的最小距离，对后张法预应力筋，为套管或孔道外边缘到混凝土表面的距离。

混凝土保护层最小厚度不应小于钢筋的公称直径d，且应符合表4-1-3的规定。保护层最小厚度的规定是为了使混凝土结构构件满足耐久性的要求和对受力钢筋有效锚固的要求。

混凝土保护层最小厚度（mm）　　　　　　　　　　　　　表4-1-3

环境类别	板、墙、壳	梁、柱、杆
一	15	20
二a	20	25
二b	25	35
三a	30	40
三b	40	50

注：1. 表中混凝土保护层厚度指最外层钢筋外边缘至混凝土表面的距离，适用于设计使用年限为50年的混凝土结构。
2. 构件中受力钢筋的保护层厚度不应小于钢筋的公称直径。
3. 一类环境中，设计使用年限为100年的结构最外层钢筋的保护层厚度不应小于表中数值的1.4倍；二、三类环境中，设计使用年限为100年的结构应采取专门的有效措施（环境类别见表4-1-4）。
4. 混凝土强度等级不大于C25时，表中保护层厚度数值应增加5。
5. 基础底面钢筋的保护层厚度，有混凝土垫层时应从垫层顶面算起，且不应小于40。

混凝土结构的环境类别　　　　　　　　　　　　　表4-1-4

环境类别	条件
一	室内干燥环境； 无侵蚀性静水浸没环境
二a	室内潮湿环境； 非严寒和非寒冷地区的露天环境； 非严寒和非寒冷地区与无侵蚀性的水或土壤直接接触的环境； 严寒和寒冷地区的冰冻线以下与无侵蚀性的水或土壤直接接触的环境
二b	干湿交替环境； 水位频繁变动环境； 严寒和寒冷地区的露天环境； 严寒和寒冷地区冰冻线以上与无侵蚀性的水或土壤直接接触的环境
三a	严寒和寒冷地区冬季水位变动区环境； 受除冰盐影响环境； 海风环境
三b	盐渍土环境； 受除冰盐作用环境； 海岸环境
四	海水环境
五	受人为或自然的侵蚀性物质影响的环境

（2）正确做法（图4-1-57～图4-1-62）

图4-1-57 钢筋笼外侧设置保护垫块

图4-1-58 板底钢筋保护层设置砂浆垫块

图4-1-59 墙体钢筋保护层塑料卡垫块

图4-1-60 柱钢筋保护层塑料卡垫块

图4-1-61 控制墙体厚度的砂浆顶模撑

图4-1-62 板上部钢筋保护层预制马镫

◎ 工作难点8：钢筋成品保护措施不符合要求（图4-1-63～图4-1-66）。

图 4-1-63　板负筋被踩踏

图 4-1-64　后浇带钢筋无任何防护措施

图 4-1-65　泵管下无防护措施

图 4-1-66　柱钢筋未采取防污染措施

解析

（1）应符合以下规定

① 墙、柱竖向钢筋在浇筑混凝土前套好塑料管保护或用彩条布、塑料薄膜包裹严密，并且在混凝土浇筑时，及时用布或棉丝蘸水将被污染的钢筋擦拭干净。

② 顶板混凝土浇筑前，搭设操作通道，做好成品钢筋保护。

（2）正确做法（图4-1-67～图4-1-71）

图4-1-67 柱钢筋防污染措施

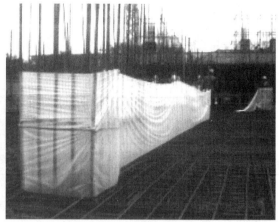

图4-1-68 墙柱钢筋防污染措施

图4-1-69 板面钢筋行走步道防踩踏措施

图4-1-70 板面钢筋行走步道支撑节点图

图4-1-71 桩基钢筋笼塑料套管成品保护措施

4.1.2 模板

1. 胶合板

◎ **工作难点1：** 后浇带安装不符合要求（图4-1-72～图4-1-73）。

图4-1-72 后浇带未独立支撑

图4-1-73 后浇带模板拆除后回顶，未独立支撑

解析

（1）应符合以下规定

① 为避免后浇带模板拆除后，两侧梁板形成悬挑结构，改变梁板原有设计受力状态而造成后浇带两侧梁板下扰、结构开裂，后浇带模板及支撑应独立设置，不得先拆后顶。

② 顶板梁后浇带根据两侧混凝土浇筑时间，分为同步支撑施工后浇带和异步支撑施工后浇带。

③ 顶板后浇带施工缝宜采用梳子形模板，以控制钢筋保护层和钢筋位置，防止因钢筋踩踏或浇筑振捣，而使钢筋位移和保护层过大。

（2）正确做法（图4-1-74～图4-1-77）

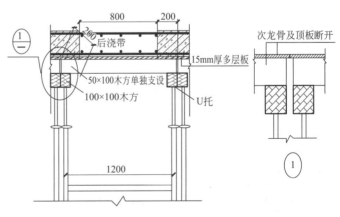

图4-1-74 顶板梁后浇带独立支撑（两侧结构同时施工时）

图 4-1-75 后浇带独立支撑（两侧结构同时施工时）　　图 4-1-76 后浇带独立支撑（两侧结构不同时施工时）正确示意

图 4-1-77 后浇带独立支撑（两侧结构不同时施工时）

◎**工作难点2**：模板安装不符合要求（图4-1-78～图4-1-79）。

图 4-1-78 模板拼缝不严密

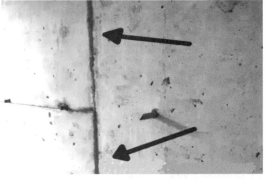

图 4-1-79 模板平整度差造成混凝土成型质量差

解析

应符合以下规定

① 模板的接缝不应漏浆;在浇筑混凝土前,木模板应浇水湿润,但模板内不应有积水。

② 模板与混凝土的接触面应清理干净并涂刷隔离剂,但不得采用影响结构性能或妨碍装饰工程施工的隔离剂。

③ 浇筑混凝土前,模板内的杂物应清理干净。

④ 对清水混凝土工程及装饰混凝土工程,应使用能达到设计效果的模板。

⑤ 用作模板的地坪、胎模等应平整光洁,不得产生影响构件质量的问题,如:下沉、裂缝、起砂或起鼓。

⑥ 对跨度不小于4m的现浇钢筋混凝土梁、板,其模板应按设计要求起拱;当设计无具体要求时,起拱高度宜为跨度的1/1000 ~ 3/1000。

⑦ 固定在模板上的预埋件、预留孔和预留洞均不得遗漏,且应安装牢固,其偏差应符合表4-1-5的规定。

预埋件和预留孔洞的安装允许偏差　　　　　表 4-1-5

项目		允许偏差（mm）
预埋板中心线位置		3
预埋管、预留孔中心线位置		3
插筋	中心线位置	5
	外露长度	+10, 0
预埋螺栓	中心线位置	2
	外露长度	+10, 0
预留洞	中心线位置	10
	尺寸	+10, 0

⑧ 对现浇结构模板,应检查其尺寸,允许偏差和检验方法应符合表4-1-6的规定。

现浇结构模板安装的允许偏差和检验方法　　　　　表 4-1-6

项目		允许偏差（mm）	检验方法
轴线位置		5	尺量
底模上表面标高		±5	水准仪或拉线、尺量
模板内部尺寸	基础	±10	尺量

续表

项目		允许偏差（mm）	检验方法
模板内部尺寸	柱、墙、梁	±5	尺量
	楼梯相邻踏步高差	5	尺量
柱、墙垂直度	层高≤6m	8	经纬仪或吊线、尺量
	层高＞6m	10	经纬仪或吊线、尺量
相邻模板表面高差		2	尺量
表面平整度		5	2m靠尺和塞尺量测

◎ **工作难点3**：拆模时间及拆模顺序不符合要求（图4-1-80）。

图4-1-80 禁止模板支撑架一次性拆除后再拆除模板

解析

应符合以下规定

① 模板拆除时，可采取先支的后拆、后支的先拆，先拆非承重模板、后拆承重模板的顺序，并应从上而下进行拆除。

② 当混凝土强度达到设计要求时，方可拆除底模及支架；当设计无具体要求时，同条件养护试件的混凝土抗压强度应符合表4-1-7的规定。

底模拆除时的混凝土强度要求　　　　表4-1-7

构件类型	构件跨度（m）	按达到设计混凝土强度等级值的百分率计（%）
板	≤2	≥50
	＞2，≤8	≥75
	＞8	≥100
梁、拱、壳	≤8	≥75
	＞8	≥100
悬臂结构		≥100

③ 当混凝土强度能保证其表面及棱角不受损伤时,方可拆除侧模。

④ 多个楼层间连续支模的底层支架拆除时间,应根据连续支模的楼层间荷载分配和混凝土强度的增长情况确定。

⑤ 快拆支架体系的支架立杆间距不应大于2m。拆模时应保留立杆并顶托支承楼板,拆模时的混凝土强度可取构件跨度为2m,按表4-1-7规定确定。

⑥ 对于后张预应力混凝土结构构件,侧模宜在预应力张拉前拆除;底模支架不应在结构构件建立预应力前拆除。

⑦ 拆下的模板及支架杆件不得抛扔,应分散堆放在指定地点,并应及时清运。

⑧ 模板拆除后应将其表面清理干净,对变形和损伤部位应进行修复。

2. 铝合金模板

◎**工作难点1:** 铝合金模板脱模剂选用不符合要求,造成混凝土观感质量差(图4-1-81~图4-1-82)。

图4-1-81 油性脱模剂造成混凝土成型面污染

图4-1-82 脱模剂涂刷不均匀造成表面麻面

解析

应符合以下规定

① 铝合金模板施工中脱模剂的选择是施工的重点,最好选用水性脱模剂,在拆模后表面观感较好;此外,铝合金模板安装前,必须将模板表面清理干净并涂刷脱模剂,防止造成拆模后混凝土麻面及铝合金模板难以拆除。

② 拆模后的模板清理是保证拆模观感的关键,特别是拼缝位置清理须干净,防止拼缝不严密造成累计误差较大以及下次拆模形成麻面。

◎ **工作难点2**：铝合金模板拆除时间、拆除顺序不符合要求。

解析

应符合以下规定

1）铝合金模板拆除时间

① 梁侧模板、墙侧模及吊模达到1.2MPa后可以拆除，（一般24h后可拆除）。注意不能拆模太早，以免出现缺棱掉角现象。

② 板底模及梁底模满足50%强度可拆除。

③ 混凝土强度达到75%或100%强度后拆除支撑头，悬挑结构达到100%强度后拆除。

④ 铝合金模板支撑头拆除前，混凝土强度应达到表4-1-8的要求。

铝合金模板支撑头拆除前混凝土强度要求　　　　表4-1-8

构件类型	构件跨度（m）	按达到设计混凝土强度等级值的百分率计（%）
板	≤2	≥50
	>2, ≤8	≥75
	>8	≥100
梁、拱、壳	≤8	≥75
	>8	≥100
悬臂结构		≥100

2）铝合金模板拆除顺序（图4-1-83～图4-1-92）

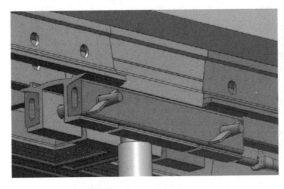

图4-1-83　浇筑混凝土后状态

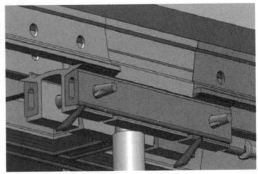

图4-1-84　卸下斜销

拆模顺序：拆除墙、梁侧模→拆除顶模→拆除支撑头。

① 拆除墙、梁侧模。根据工程项目的具体情况决定拆模时间，一般情况下（天气正常）24h后拆除墙及梁侧模（特别注意：过早拆除会造成混凝土粘在铝模

板上，影响墙面质量）。

② 拆除顶模。拆除时间根据每个工程项目的具体情况来设定，但至少36h后才能拆除顶模板，切记在拆除楼顶板、梁顶板时，严禁碰动支撑系统的杆件，严禁拆除支撑杆件后再回顶。

③ 拆除支撑头。支撑头拆除时间须根据拆模试块强度确定，一般梁板达到

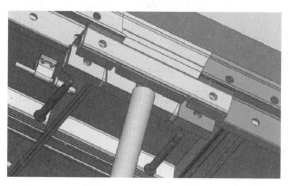

图4-1-85　卸下长销钉

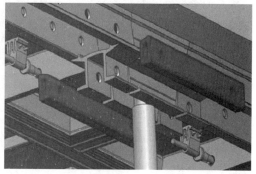

图4-1-86　卸下锁条

图4-1-87　把锁条卸下后拆卸铝梁与模板连接的销钉

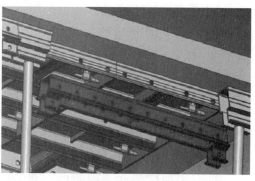

图4-1-88　拆卸一边铝梁

图4-1-89　拆卸对应铝梁的模板

图4-1-90　重复以上步骤，拆卸模板

75%即可拆模（一般为10d左右），悬挑结构达到100%强度方可拆除支撑（约20d），具体根据拆模试块强度确定。

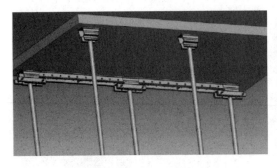
图4-1-91 把剩余的铝梁拆卸

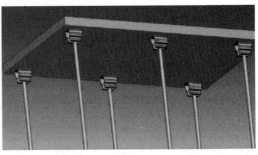
图4-1-92 最后支撑的示意

◎**工作难点3：铝合金模板安装偏差控制不符合要求。**

解析

应符合以下规定

1）模板垂直度控制

① 对模板垂直度严格控制，在模板安装就位前，必须对每一块模板线进行复测，无误后，方可安装模板。

② 模板拼装过程，工长及质检员须逐一检查模板垂直度，确保垂直度、平整度满足《混凝土结构工程施工质量验收规范》GB 50204—2015的要求。

③ 模板就位前，检查顶模位置、间距是否满足要求。

2）顶板模板标高控制

每层顶板抄测标高控制点，测量抄出混凝土墙上的1000mm线，根据层高及板厚，沿墙周边弹出顶板模板的底标高线。

3）模板的变形控制

① 浇筑墙柱混凝土时，做分层尺杆，并配好照明，分层浇筑每次控制在1500mm以内，严防振捣不实或过振，使模板变形。

② 门窗洞口处对称浇筑混凝土。

③ 模板支立后，拉水平、竖向通线，保证混凝土浇筑时易观察模板变形、跑位。

④ 浇筑前认真检查螺栓、顶撑及斜撑是否松动。

⑤ 模板支立完毕后，禁止模板与外脚手架拉结。

4）模板的拼缝、接头

当模板接缝宽度小于2mm时，可不采取措施；宽度大于2mm时，应用海绵条填补，或用镀锌铁皮封口，以防止板缝大量漏浆。

5）窗洞口模板

在窗台模板下口中间留置2个排气孔，以防混凝土浇筑时产生窝气，造成混凝土浇筑不密实。

6）与其他工序安装配合

合模前与钢筋、水、电安装等工种协调配合，合模通知书发放后方可合模。

7）浇筑时的保护

混凝土浇筑时，所有墙板全长、全高拉通线，边浇筑边校正墙板垂直度，每次浇筑时，均派专人专职检查模板，发现问题及时解决。

◎ **工作难点4：铝合金模板节点深化不全面。**

解析

（1）应符合以下规定

由于铝合金模板的承载能力高，不易爆模，质量轻，便于安装，使用铝合金模板浇筑的混凝土观感好、质量高，成本造价高，因此在技术准备阶段，要根据项目结构、建筑、机电等图纸核对各专业图纸是否有冲突，结构图中留洞是否全面合理等。

根据完善后的结构平面图，优化铝合金模板的深化配模图。深化过程中，可以将二次结构中极窄的抱框柱、过梁，门窗洞口小于200mm的小抱框柱、门洞上方小过梁等后期不便于施工、施工操作有困难的工序优化为在主体结构中一次施工完毕，避免由于构件尺寸小、施工操作不便造成混凝土成形后的效果不佳且浪费人工、材料，影响施工进度。

（2）正确做法（图4-1-93～图4-1-98）

图4-1-93 门洞过梁优化（一）

图4-1-94 门洞过梁优化（二）

图 4-1-95　窗户企口深化（一）

图 4-1-96　窗户企口深化（二）

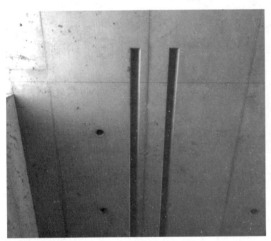
图 4-1-97　卫生间水管压槽深化避免二次开槽

图 4-1-98　小墙垛深化

4.1.3　混凝土

◎**工作难点1：** 混凝土浇筑振捣不符合要求。

解析

应符合以下规定

1）混凝土浇筑的布料点宜接近浇筑位置，应采取减少混凝土下料冲击的措施，并应符合下列规定。

① 宜先浇筑竖向结构构件，后浇筑水平结构构件。

② 浇筑区域结构平面有高差时，宜先浇筑低区部分，再浇筑高区部分。

2）柱、墙模板内的混凝土浇筑倾落高度应符合表4-1-9的规定；当不能满足表4-1-9的要求时，应加设串筒、溜管、溜槽等装置。

柱、墙模板内混凝土浇筑倾落高度限值（m） 表4-1-9

条件	浇筑倾落高度限值
粗骨料粒径大于25mm	≤3
粗骨料粒径小于等于25mm	≤6

注：当有可靠措施能保证混凝土不产生离析时，混凝土倾落高度可不受本表限制。

3）浇筑混凝土时应分段分层连续进行，浇筑层高度应根据混凝土供应能力，一次浇筑方量，混凝土初凝时间，结构特点、钢筋疏密综合考虑决定。浇筑层高度一般为振捣器作用部分长度的1.25倍。混凝土分层振捣的最大厚度如表4-1-10所示。

混凝土分层振捣的最大厚度 表4-1-10

振捣方法	混凝土分层振捣最大厚度
振动棒	振动棒作用部分长度的1.25倍
表面振动器	200mm
附着振动器	根据设置方式，通过试验确定

4）使用插入式振捣器应快插慢拔，插点要均匀排列，逐点移动，顺序进行，不得遗漏，做到均匀振实。振捣插点间距不应大于振动棒作用半径的1.4倍。振捣上一层时应插入下一层5～10cm，以使两层混凝土结合牢固。振捣时，振捣棒不得触及预埋件及模板，振动棒与模板的距离不应大于振动棒作用半径的0.5倍；表面振动器（或称平板振动器）的移动间距应能保证振动器的平板覆盖已振实部分的边缘。

5）每一插点要把握好振捣时间，过短不易密实，过长会引起混凝土产生离析现象。一般应视混凝土表面呈水平，不再显著沉降、不再出现气泡及表面泛出灰浆为准。

6）浇筑混凝土应连续进行，如必须间歇，其间歇时间应尽量缩短，并应在前层混凝土初凝之前，将次层混凝土浇筑完毕。间歇的最长时间应按所用水泥品种、气温及混凝土凝结条件确定，一般超过2h应按施工缝处理（当混凝土凝结时间小于2h时，则应当执行混凝土的初凝时间）。

7）浇筑混凝土时应经常观察模板、钢筋、预留孔洞、预埋件和插筋等有无移动、变形或堵塞情况，发现问题应立即处理，并应在已浇筑的混凝土初凝前修整完好。

◎**工作难点2**：混凝土收面不符合要求（图4-1-99）。

图4-1-99　混凝土收面时加水，造成混凝土表面起灰、反砂和开裂

解析

（1）应符合以下规定

混凝土收面应控制好时间，保证收面拉毛的效果，防止裸露混凝土表面产生塑性收缩裂缝，在混凝土初凝前和终凝前，分别对混凝土裸露表面进行抹面处理。每次抹面可采用铁抹子压光磨平两遍或木抹子磨平搓毛两遍的工艺方法。对于易产生裂缝的结构部位，应适当增加抹面次数。

（2）正确做法（图4-1-100～图4-1-103）

图4-1-100　机械抹平

图4-1-101　人工抹平

图 4-1-102　板混凝土扫毛　　　　图 4-1-103　板混凝土收面效果

◎ 工作难点3：混凝土养护不符合要求。

解析

（1）应符合以下规定

1）养护方式

混凝土浇筑后应及时进行保湿养护，保湿养护可采用洒水、覆盖、喷涂养护剂等方式。选择养护方式应考虑现场条件、环境温湿度、构件特点、技术要求、施工操作等因素。

2）混凝土的养护时间

① 采用硅酸盐水泥、普通硅酸盐水泥或矿渣硅酸盐水泥配制的混凝土，不应少于7d；采用其他品种水泥时，养护时间应根据水泥性能确定。

② 采用缓凝型外加剂、大掺量矿物掺合料配制的混凝土，不应少于14d。

③ 抗渗混凝土、强度等级C60及以上的混凝土，不应少于14d。

④ 后浇带混凝土不应少于14d。

⑤ 地下室底层墙、柱和上部结构首层墙、柱宜适当增加养护时间。

⑥ 基础大体积混凝土养护时间应根据施工方案确定。

3）洒水养护

① 洒水养护宜在混凝土裸露表面覆盖麻袋或草帘后进行，也可采用直接洒水、蓄水等养护方式；洒水养护应保证混凝土处于湿润状态。

② 当日最低温度低于5℃时，不应采用洒水养护。

4）覆盖养护

① 覆盖养护时宜在混凝土裸露表面覆盖塑料薄膜、塑料薄膜加麻袋、塑料薄膜加草帘。

② 塑料薄膜应紧贴混凝土裸露表面，塑料薄膜内应保持有凝结水。

③ 覆盖物应严密，覆盖物的层数应按施工方案确定。

5）喷涂养护剂养护

① 应在混凝土裸露表面喷涂覆盖致密的养护剂进行养护。

② 养护剂应均匀喷涂在结构构件表面，不得漏喷；养护剂应具有可靠的保湿效果，保湿效果可通过试验检验。

③ 养护剂使用方法应符合产品说明书的有关要求。

（2）正确做法（图4-1-104～图4-1-107）

图4-1-104 混凝土收面后覆膜养护（一）

图4-1-105 混凝土收面后覆膜养护（二）

图4-1-106 混凝土收面后麻袋片覆盖养护

图4-1-107 独立柱覆膜养护

◎**工作难点4**：混凝土成品保护不符合要求（图4-1-108～图4-1-109）。

图4-1-108 混凝土构件阳角损坏（一）

图4-1-109 混凝土构件阳角损坏（二）

解析

（1）应符合以下规定

① 混凝土浇筑前检查好预埋管道与铁件的规格、数量与埋设位置，严禁在混凝土浇筑成形后剔凿。

② 浇筑过程中注意保护好钢筋、模板、预埋件、垫块等成品，严禁乱踩乱动，并派专人看护，及时调整。

③ 底板混凝土浇筑完毕后将基坑封闭，严禁无关人员下坑，此项成品保护工作由压平抹光人员负责。

④ 已浇筑楼板、楼梯踏步的上表面混凝土应加以保护，必须在混凝土强度达到1.2MPa以后，上人时无脚印，方可在上面进行操作及安装结构的支架和模板。

⑤ 墙、柱模板拆除后，立即用8cm宽、1.2m长的橡胶成品护角将墙、柱的阳角保护起来，施工时注意不要磕碰墙柱表面。

（2）正确做法（图4-1-110～图4-1-111）

图4-1-110 混凝土构件阳角保护（一）　　图4-1-111 混凝土构件阳角保护（二）

◎**工作难点5**：混凝土冬期施工保温措施不符合要求。

解析

应符合以下规定

① 根据当地多年气象资料统计，当室外日平均气温连续5日稳定低于5℃时，应采取冬期施工措施；当室外日平均气温连续5日稳定高于5℃时，可解除冬期施工措施。当混凝土未达到受冻临界强度而气温骤降至0℃以下时，应按冬期施工的要求采取应急防护措施。

② 混凝土浇筑后，对裸露表面应采取防风、保湿、保温措施，对边、棱角及易受冻部位应加强保温。在混凝土养护和越冬期间，不得直接对负温混凝土表面浇水养护（图4-1-112）。

图4-1-112 混凝土表面覆盖保温棉毡

③ 模板和保温层应在混凝土达到要求强度，且混凝土表面温度冷却到5℃后再拆除。对墙、板等薄壁结构构件，宜延长模板拆除时间。当混凝土表面温度与环境温度差大于20℃时，拆模后的混凝土表面应立即进行保温覆盖。

④ 混凝土强度未达到受冻临界强度和设计要求时，应继续进行养护。工程越冬期间，应编制越冬维护方案并进行保温维护。

⑤ 混凝土工程冬期施工应加强对骨料含水率、防冻剂掺量的检查，以及原材料、入模温度、实体温度和强度的监测；应依据气温的变化，检查防冻剂掺量是

否符合配合比与防冻剂说明书的规定，并应根据需要进行配合比的调整。

⑥ 混凝土冬期施工期间，应按国家现行有关标准的规定对混凝土拌合水温度、外加剂溶液温度、骨料温度、混凝土出机温度、浇筑温度、入模温度以及养护期间混凝土内部和大气温度进行测量。

⑦ 冬期施工混凝土强度试件的留置除应符合现行国家标准《混凝土结构工程施工质量验收规范》GB 50204—2015 的有关规定外，尚应增设与结构同条件的养护试件，养护试件不应少于2组。同条件的养护试件应在解冻后进行试验。

◎ **工作难点6：大体积混凝土浇筑方式不符合要求。**

解析

应符合以下规定

① 用多台输送泵接输送泵管浇筑时，输送泵管布料点间距不宜大于10m，并宜由远而近浇筑。

② 用汽车布料杆输送浇筑时，应根据布料杆工作半径确定布料点数量，各布料点浇筑速度应保持均衡。

③ 宜先浇筑深坑部分，再浇筑大面积基础部分。

④ 宜采用斜面分层浇筑方法，也可采用全面分层、分块分层浇筑方法，层与层之间混凝土浇筑的间歇时间应能保证整个混凝土浇筑过程的连续。

⑤ 混凝土分层浇筑应采用自然流淌方式形成斜坡，并应沿高度均匀上升，分层厚度不宜大于500mm。

⑥ 应有排除积水或混凝土泌水的有效技术措施。

4.1.4 预应力

◎ **工作难点1：预应力筋和预应力筋孔道的间距和保护层厚度不符合要求（图4-1-113～图4-1-114）。**

图4-1-113 孔道内水泥浆未清理

图4-1-114 定位网格尺寸偏差大

解析

应符合以下规定

① 先张法预应力筋之间的净间距不应小于预应力筋的公称直径或等效直径的2.5倍和混凝土粗骨料最大粒径的1.25倍，且对预应力钢丝、三股钢绞线和七股钢绞线分别不应小于15mm、20mm和25mm。当混凝土振捣密实性有可靠保证时，净间距可放宽至粗骨料最大粒径的1.0倍。

② 对后张法预制构件，孔道之间的水平净间距不宜小于50mm，且不宜小于粗骨料最大粒径的1.25倍；孔道至构件边缘的净间距不宜小于30mm，且不宜小于孔道外径的1/2。

③ 在现浇混凝土梁中，曲线孔道在竖直方向的净间距不应小于孔道外径，水平方向的净间距不宜小于孔道外径的1.5倍，且不应小于粗骨料最大粒径的1.25倍；从孔道外壁至构件边缘的净间距，梁底不宜小于50mm，梁侧不宜小于40mm；裂缝控制等级为三级的梁，从孔道外壁至构件边缘的净间距，梁底不宜小于70mm，梁侧不宜小于50mm。

④ 当混凝土振捣密实性有可靠保证时，预应力筋孔道可水平并列贴紧布置，但并列的数量不应超过2束。

⑤ 板中单根无粘结预应力筋的间距不宜大于板厚的6倍，且不宜大于1m；带状束的无粘结预应力筋根数不宜多于5根，束间距不宜大于板厚的12倍，且不宜大于2.4m。

⑥ 梁中集束布置的无粘结预应力筋，束的水平净间距不宜小于50mm，束至构件边缘的净距不宜小于40mm。

◎**工作难点2**：预应力筋的张拉顺序不符合要求。

解析

应符合以下规定

① 张拉顺序应根据结构受力特点、施工方便及操作安全等因素确定。

② 预应力筋张拉宜符合均匀、对称的原则。

③ 对现浇预应力混凝土楼盖，宜先张拉楼板、次梁的预应力筋，后张拉主梁的预应力筋。

④ 对预制屋架等平卧叠浇构件，应从上而下逐榀张拉。

4.1.5 装配式结构

◎**工作难点1**：装配式构件的堆放不符合要求（图4-1-115～图4-1-116）。

图4-1-115　构件之间无木制垫块

图4-1-116　上下木制垫块不在一条直线

解析

应符合以下规定
① 场地应平整、坚实，并应有良好的排水措施。
② 应保证最下层构件垫实，预埋吊件宜向上，标识宜朝向堆垛间的通道。
③ 垫木或垫块在构件下的位置宜与脱模、吊装时的起吊位置一致。重叠堆放构件时，每层构件间的垫木或垫块应在同一垂直线上。
④ 堆垛层数应根据构件与垫木或垫块的承载能力及堆垛的稳定性确定，必要时应设置防止构件倾覆的支架。
⑤ 施工现场堆放的构件，宜按安装顺序分类堆放，堆垛宜布置在吊车工作范围内且不受其他工序施工作业影响的区域。
⑥ 预应力构件的堆放应考虑反拱的影响。

◎**工作难点2**：装配式吊装不符合要求（图4-1-117）。

解析

应符合以下规定
① 应根据预制构件形状、尺寸、重量和作业半径等要求选择吊具和起重设备，所采用的吊具、起重设备及施工操作应符合国家现行有关标准及产品应用技术手册的有关规定。

图 4-1-117　现场吊装过程中，产生明显裂缝，预制构件产生破坏

②应采取措施保证起重设备的主钩、吊具及构件重心在竖直方向上重合；吊索与构件水平夹角不宜小于60°，不应小于45°；吊运过程应平稳，不应有偏斜和大幅度摆动。

③吊运过程中，应设专人指挥，操作人员应位于安全可靠位置，不应有人员随预制构件一同起吊。

◎**工作难点3**：预制构件安装就位后的临时固定措施不符合要求。

解析

预制构件安装就位后应及时采取临时固定措施。预制构件与吊具的分离应在校准定位及临时固定措施安装完成后进行。临时固定措施的拆除应在装配式结构能达到后续施工要求的承载力、刚度及稳定性后进行。

应符合以下规定

①每个预制构件的临时支撑不宜少于2道。

②对预制墙板的斜撑，其支撑点距离板底的距离不宜小于板高的2/3，且不应小于板高的1/2。

③构件安装就位后，可通过临时支撑对构件的位置和垂直度进行微调。

④临时支撑顶部标高应符合设计规定，尚应考虑支撑系统自身在施工荷载作用下的变形。

◎**工作难点4**：套筒灌浆不符合要求（图4-1-118）。

解析

钢筋套筒灌浆连接接头、钢筋浆锚搭接连接接头的灌浆应符合节点连接施工

图 4-1-118 现场灌浆、灌封质量差

方案的要求。

应符合以下规定

① 灌浆施工时,环境温度不应低于5℃;当连接部位养护温度低于10℃时,应采取加热保温措施。

② 灌浆操作全过程应有专职检验人员负责旁站监督并及时形成施工质量检查记录。

③ 应按产品使用说明书的要求计量灌浆料和水的用量,并搅拌均匀;每次拌制的灌浆料拌合物应进行流动度的检测,且其流动度应满足规范的规定。

④ 灌浆作业应采用压浆法从下口灌注,当浆料从上口流出后应及时封堵。

⑤ 灌浆料拌合物应在制备后30min内用完。

4.1.6 钢管/型钢混凝土结构

◎**工作难点1**:预埋件安装精度控制不符合要求(图4-1-119)。

图 4-1-119 预埋件安装偏位

> **解析**

应符合以下规定

1）预埋件的测量放线控制

根据预埋件布置图，进行预埋件的测量放线。当混凝土结构开始施工时立即开始预埋件放样工作。放样时若发现模板施工尺寸有误差，及时提出并要求整改。此项工作要派专人跟进施工进度，避免漏埋、误埋，并做好测量记录。

2）预埋件的定位控制

预埋件是通过锚筋或抗剪件与主体混凝土结构连接，埋件预埋板必须与主体钢筋点焊（绑扎）牢固，埋件的允许误差应严格控制，即标高≤±5mm，水平分格≤±10mm。

3）预埋件的施工控制

① 依据工地提供的水平基准，丈量出预埋高度，并将预埋高度标示于侧模上。

② 预埋的高度及中心基准线测量时，均应从底层原水平点向上延伸，不得以邻近楼层为基准。

③ 预埋件施工时，应注意位置保持准确，不得任意挪动；预埋板下面的混凝土应注意振捣密实。

④ 预埋件安装后，复核尺寸无误，将其锚固钢筋点焊在结构的钢筋上，以免浇筑混凝土时发生位移。

⑤ 在浇筑前，须经监理组织检查，确认符合要求后，签发隐蔽资料，才可进行浇筑施工。

⑥ 拆模后，复测预埋板的位置是否正确，如有因灌浆或模板破裂造成的误差，应立即详细记录，作为设计施工时的参考。

⑦ 在已埋入混凝土构件内的预埋件的预埋板面上施焊时，应尽量采用细焊条、小电流、分层施焊，以免烧伤混凝土。

4）预埋件安装精度要求

① 预埋件的锚边长允许误差为2mm。

② 预埋板的中心线允许偏差为2mm。

③ 锚筋或抗剪件对锚板面的允许垂直偏差为10mm。

◎**工作难点2**：钢柱安装不符合要求（图4-1-120）。

图4-1-120 型钢柱安装偏位

解析

应符合以下规定

① 柱脚安装时,锚栓宜使用导入器或护套。

② 首节钢柱安装后应及时进行垂直度、标高和轴线位置校正,钢柱的垂直度可采用经纬仪或线锤测量。校正合格后,钢柱须可靠固定并进行柱底二次灌浆,灌浆前应清除柱底板与基础面之间杂物。

③ 首节以上的钢柱定位轴线应从地面控制轴线直接引上,不得从下层柱的轴线引上;钢柱校正垂直度时,应考虑钢梁接头焊接的收缩量,预留焊缝收缩变形空间。

④ 倾斜钢柱可采用三维坐标测量法进行测校,或采用柱顶投影点结合标高进行测校,校正合格后宜采用刚性支撑固定。

◎ **工作难点3**:型钢梁安装不符合要求。

解析

应符合以下规定

① 钢梁宜采用两点起吊;当单根钢梁长度大于21m,采用2个吊装点吊装;不能满足构件强度和变形要求时,宜设置3~4个吊装点吊装或采用平衡梁吊装;吊点位置应通过计算确定。

② 钢梁可采用一机一吊或一机串吊的方式吊装,就位后应立即临时固定连接。

③ 钢梁面的标高及两端高差可采用水准仪与标尺进行测量,校正完成后应进行永久性连接。

4.2 砌体结构工程

4.2.1 蒸压加气块砌体

◎**工作难点1：** 对于砌体填充墙的构造柱钢筋，设计文件及施工图中一般要求采用预留甩筋方式进行施工。而实际施工中，由于主体结构甩筋会影响模板施工，处理甩筋等细节会影响施工效率，进而影响工期，因此施工现场常采用后植筋的方式与主体结构连接（图4-2-1～图4-2-2）。

图4-2-1 构造柱顶部后植筋偏位

图4-2-2 构造柱钢筋搭接错位

解析

（1）应符合以下规定

依据《砌体结构工程施工质量验收规范》GB 50203—2011第9.2.3条规定，填充墙与承重墙、柱、梁的连接钢筋，当采用化学植筋的连接方式时，应进行实体检测。锚固钢筋拉拔试验的轴向受拉非破坏承载力检验值应为6.0kN。抽检钢筋在检验值作用下应基材无裂缝、钢筋无滑移宏观裂损现象；持荷2min期间荷载值降低不大于5%。

（2）正确做法（图4-2-3～图4-2-5）

化学植筋安装工艺流程为：钻孔→清孔→配胶→植筋→固化→质检。

① 首先按设计要求的孔位、孔径、孔深钻孔。钻孔时，应对主体结构钢筋进行探测，避免损坏主体结构钢筋。基材的表面需要凿毛，清洗干净，涂刷界面剂。

② 用吹风机与刷子清理孔道，直至孔内壁无浮尘水渍为止。

③ 胶起着关键作用，应采用国家认证过的胶。使用前应进行现场试验和复检，胶称量应准确，搅拌应均匀，灌注应充实。

④ 化学植筋验收：验收包括植筋的位置、直径是否达到要求，胶浆外观固化情况，同时还应提供植筋抗拔力现场抽检报告。

图 4-2-3　楼板定位钻孔

图 4-2-4　植筋固化

图 4-2-5　拉结筋拉拔试验

◎ **工作难点 2**：砌筑门窗洞口前应定位放线，建筑图中墙体门窗口位置没有考虑墙面做法及装修对缝要求。即不同的墙面及门窗做法在收口处需要有不同的预留空间。忽视墙面做法及对缝要求，从而没有对门、窗洞口尺寸进行调整，导致装修施工剔凿工作量加大（图 4-2-6）。

图4-2-6 无收口空间导致门洞剔凿

解析

正确做法（图4-2-7）

二次结构门窗洞口在施工前根据装饰需求进行尺寸深化，周边墙面存在干挂石材、幕墙龙骨等做法时，门窗洞口向两侧扩5cm左右，预留装修收口空间，按照装饰装修深化排版图预留砌筑，避免后期剔凿。

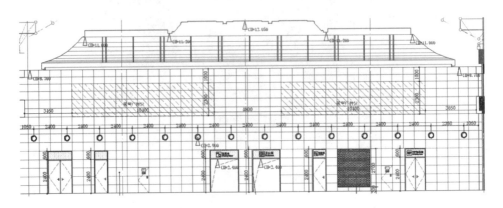

图4-2-7 根据装修排版进行深化排版，预留收口空间

◎**工作难点3**：砌体施工前未结合水、电、暖等专业施工图进行深化，导致后期做管线穿墙时无预留洞口，导致墙体后开洞口，后开洞口较大时过梁施工难度较大，往往导致漏做（图4-2-8～图4-2-9）。

图4-2-8 墙面洞口大于300mm无过梁

图4-2-9 墙面后开洞口无过梁

解析

（1）应符合以下规定

依据《砌体结构工程施工质量验收规范》GB 50203—2011第3.0.11条规定，设计要求的洞口、沟槽、管道应于砌筑时正确留出或预埋，未经设计同意，不得打凿墙体和在墙体上开凿水平沟槽。宽度超过300mm的洞口上部，应设置钢筋混凝土过梁。不应在截面长边小于500mm的承重墙体、独立柱内埋设管线。

（2）正确做法（图4-2-10～图4-2-11）

施工前深化建筑图纸，对预留洞口进行提前规划，超过300mm的洞口上部设置钢筋混凝土过梁，保证后续机电、水暖等管线施工正常推进。

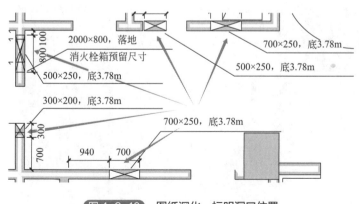

图4-2-10 图纸深化，标明洞口位置　　图4-2-11 洞口按要求进行过梁施工

◎**工作难点4**：二次结构构造柱马牙槎空间狭小，一般采用先退后进做法。在马牙槎直槎位置浇筑混凝土时往往不能灌注到位，振捣不密实，拆模后容易出现蜂窝麻面等质量问题（图4-2-12）。

图4-2-12　马牙槎未做斜槎

解析

正确做法（图4-2-13～图4-2-15）

蒸压加气混凝土砌块直槎做斜槎处理，保证混凝土自上而下顺利浇筑，保证浇筑密实，同时针对模板加固采用对穿螺杆穿构造柱做法，避免对砌块结构造成破坏，确保混凝土浇筑质量。

图4-2-13　马牙槎做成斜槎效果

图4-2-14　对穿螺杆穿构造柱

图 4-2-15　构造柱成型质量美观

4.2.2　混凝土小型空心砌块砌体

◎**工作难点1：**混凝土小型空心砌块砌体内部未灌注混凝土，在砌块上开槽，造成砌块破碎的同时，也不能满足防水要求。

解析

（1）应符合以下规定

依据《砌体结构工程施工质量验收规范》GB 50203—2011第6.1.12条规定，在散热器、厨房和卫生间等设备的卡具安装处砌筑的小砌块，宜在施工前用强度等级不低于C20（或Cb20）的混凝土将其孔洞灌实。

（2）正确做法（图4-2-16～图4-2-18）

① 砌筑混凝土空心砌块，砌筑完成后保证砌体粘结达到砌筑强度。

② 小砌块砌筑完成后，及时清除砌块孔洞表面杂物。

③ 底层室内地面及防潮层以下砌块，采用强度等级不低于C20（或Cb20）的混凝土灌实孔洞。

④ 砌体结构上管线、线盒开凿前应弹线切割，保证开凿顺直、规整。

⑤ 线槽切割开凿宜采用专用器具，未经设计同意，严禁开水平槽。

⑥ 线槽封堵应密实、平整，修补完成面低于墙面2mm，以便后续抹灰挂网找平。

图 4-2-16　混凝土灌芯施工

图 4-2-17　专用开槽工具及施工效果

图 4-2-18　线槽封堵施工

◎**工作难点2：**采用混凝土小型空心砌块砌筑马牙槎时，由于马牙槎位置与砌块空心位置冲突，阻挡施工灌注的混凝土无法自由下落到构造柱底部，故往往采用预制混凝土块进行砌筑填充，填充完成后既能满足混凝土浇筑要求，同时保证在门框门扇等安装基材的结构强度。

解析

正确做法（图4-2-19 ~ 图4-2-21）

① 宽度小于1.2m的门窗洞口两侧可不设构造柱，可在门窗洞口两侧、上中下部采用混凝土实心预制块或实心非轻质砌块嵌砌。

② 门窗洞口上侧过梁采用预制构件，两侧入墙深度应≥240mm，入墙深度一致。

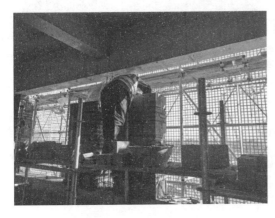

图4-2-19 马牙槎封堵洞口

图4-2-20 门洞口砌筑混凝土块

图4-2-21 门洞口预制过梁及洞边预制块

4.3 钢结构工程

4.3.1 钢结构加工制作

◎**工作难点1：** 钢材表面出现麻点、裂纹、缺棱、压痕（划痕）、锈蚀等问题（图4-3-1）。

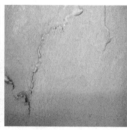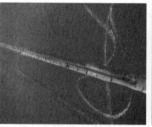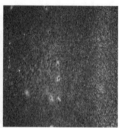

图4-3-1 钢材表面麻点严重、钢材表面起皮、钢材表面划痕、钢材表面锈蚀

解析

钢材表面出现麻点、裂纹、缺棱、压痕等问题，不仅影响外观，而且容易引起应力集中，降低强度（特别是疲劳强度和冲击性能），会对钢结构的正常使用产生严重威胁。

（1）应符合以下规定

钢结构切割面或剪切面应无裂纹、夹渣、分层和大于1mm的缺棱；当钢材的表面有锈蚀、麻点或划痕等缺陷时，其深度不得大于该钢材厚度允许负偏差值的1/2；钢材表面的锈蚀等级应符合现行国家标准《涂覆涂料前钢材表面处理 表面清洁度的目视评定 第1部分：未涂覆过的钢材表面和全面清除原有涂层后的钢材表面的锈蚀等级和处理等级》GB/T 8923.1—2011规定的C级及C级以上。

（2）正确做法

① 严格按设计图纸要求采购钢材，对于一些比较特殊的钢材，更需要了解其性能和特点。

② 把好原材料入库前的检验关。

③ 钢板应按规定进行见证抽样复验，复验结果应符合国家现行标准的规定并满足设计要求。检查数量：全数检查。检验方法：见证取样送样，检查复验报告。

④ 凡质量缺陷超标的材料，应拒绝使用。

⑤ 凡是在控制范围内的缺陷，可采用打磨等措施做修补。

⑥ 钢材表面锈蚀等级按现行国家标准《涂覆涂料前钢材表面处理 表面清洁度的目视评定 第1部分：未涂覆过的钢材表面和全面清除原有涂层后的钢材表面的锈蚀等级和处理等级》GB/T 8923.1—2011规定，应优先选用A、B级，使用C级应彻底除锈。

⑦ 在制作、安装过程中，应正确使用机具，对产生的划痕和吊痕可采用补焊后打磨的方式进行修整。

◎ **工作难点2：** 钢材切割表面质量不符合要求（图4-3-2～图4-3-3）。

图4-3-2 坡口的加工面存在大于1mm的缺棱

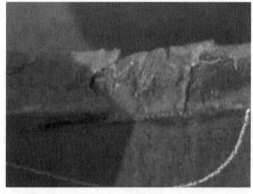

图4-3-3 割纹深度、缺口深度尺寸超过允许偏差

解析

钢材表面缺陷处易生锈，易引起应力集中，从而降低钢的力学性能强度。

（1）应符合以下规定

① 依据《钢结构工程施工质量验收标准》GB 50205—2020相关条文规定，钢材气割的允许偏差应符合表4-3-1的规定。

气割的允许偏差（mm）　　　　　　　　　　　表4-3-1

项目	允许偏差
零件宽度、长度	±3.0
切割面平面度	0.05t，且不应大于2.0
割纹深度	0.3
局部缺口深度	1.0

注：t为切割面厚度。

② 机械剪切的允许偏差应符合表4-3-2的规定。

机械剪切的允许偏差（mm） 表 4-3-2

项目	允许偏差
零件宽度、长度	±3.0
边缘缺棱	1.0
型钢端部垂直度	2.0

（2）正确做法

① 严格按照气割工艺规程的要求，选用合适的气体配比和压力、切割速度、预热火焰的能率、割嘴高度、割嘴与工件的倾角等工艺参数，认真切割。

② 应按被切割件的厚度选用合适的气割嘴，气割嘴在切割前应将风线修整平直，使风线长度超过被切割件厚度。

③ 作业平台应保持水平，被切割件下应留有空间距离，不得将被切割物直接垫于被切割件下。

④ 可用打磨、小线能量焊补后再打磨的办法，修整不合格的切割件。

◎ **工作难点3：** 钢零件制孔粗糙（图4-3-4～图4-3-5）。

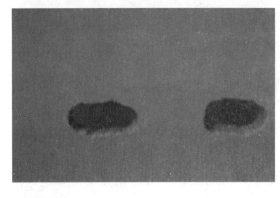

图 4-3-4　椭圆孔壁粗糙，未按要求加工，质量差

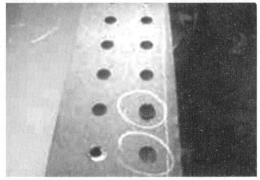

图 4-3-5　螺栓孔毛刺未打磨处理

解析

表面越粗糙，配合面之间的有效接触面积越小，压力越大，摩擦阻力越大，磨损越快，应力集中越敏感，越容易发生疲劳裂纹，抗疲劳破坏的能力就越差。因此，表面粗糙度增大，会降低零件的疲劳强度。

（1）应符合以下规定

C级螺栓孔（普通螺栓孔和高强螺栓孔），加工后孔壁表面粗糙度R_a不应大于25μm。其孔径的偏差应在0～1.0mm之间；圆度应不大于2.0mm；垂直度控制在

0.03t且不大于2.0mm;制孔后应清除孔边毛刺;螺栓孔孔距小于500mm时,两孔间距离的允许偏差为±1mm。

(2)正确做法

① 充分做好生产前的准备工作,磨好钻头,熟悉工艺及验收标准;经常自检,发现差距及时纠正。

② 正确地磨好钻头,达到规定的要求。

③ 切削时应注入充足的冷却液。

④ 在条件允许的情况下,尽量在数控平面钻机,或数控三向多轴钻床上钻孔。

⑤ 毛刺可用砂轮打磨掉。

⑥ 在设计允许的前提下,用手工铰刀铰孔,以纠正粗糙度、孔径、椭圆度、孔距、孔中心线垂直度不符合要求等缺陷;设计不同意用扩孔纠正的孔,应按焊接工艺要求用焊接方法补孔、磨平、重新划线、重新钻孔或用套模钻孔,严禁塞物进行表面焊接。

◎**工作难点4:** 钢材焊接后外观质量不合格(图4-3-6~图4-3-7)。

图4-3-6 存在焊接裂缝

图4-3-7 焊接后表面有气孔

解析

焊接质量不合格易削弱焊接接头的强度,产生应力集中。在疲劳载荷作用下,使焊接接头的承载能力大大下降,易产生质量安全问题。

(1)应符合以下规定

依据《钢结构工程施工质量验收标准》GB 50205—2020有关规定,焊缝的外观质量应无裂纹、未熔合、夹渣、弧坑未填满等缺陷,且符合表4-3-3的要求。

焊接过程中及时检查焊缝间是否存在裂纹、气孔、夹渣等缺陷。焊接过程严格按照焊接工艺指导书的要求进行操作。焊后及时进行质量检查。

有疲劳验算要求的钢结构焊缝外观质量要求　　　　表 4-3-3

检验项目	焊缝质量等级		
	一级	二级	三级
裂纹	不允许		
未焊满	不允许		≤ 0.2mm ＋ 0.02t 且 ≤ 1mm，每 100mm 长度焊缝内未焊满累积长度 ≤ 25mm
根部收缩	不允许		≤ 0.2mm ＋ 0.02t 且 ≤ 1mm，长度不限
咬边	不允许	≤ 0.05t 且 ≤ 0.3mm，连续长度 ≤ 100mm，且焊缝两侧咬边总长 ≤ 10% 焊缝全长	≤ 0.1t 且 ≤ 0.5mm，长度不限
电弧擦伤	不允许		允许存在个别电弧擦伤
接头不良	不允许		缺口深度 ≤ 0.05t 且 ≤ 0.5mm，每 1000mm 长度焊缝内不得超过 1 处
表面气孔	不允许		直径小于 1.0mm，每米不多于 3 个，间距不小于 20mm
表面夹渣	不允许		深 ≤ 0.2t，长 ≤ 0.5t 且 ≤ 20mm

注：t 为接头较薄件母材厚度。

（2）正确做法

① 焊前检查：准备工作主要从人员的配置、机械装置、焊接材料、焊接方法、焊接环境、焊接过程的检验六个方面进行控制。

② 焊接过程中的检查内容

A. 焊接缺陷：尤其是采用多层焊焊接时，检查每层焊缝间是否存在裂纹、气孔、夹渣等缺陷以及是否及时处理缺陷。

B. 焊接工艺：检查焊接过程是否严格按照焊接工艺指导书的要求进行操作，包括焊接方法、焊接材料、焊接规范、焊接变形及温度控制等方面。

C. 焊接设备：在焊接过程中，检查焊接设备是否运行正常，例如冷却装置、送丝机构等。

③ 焊后质量检查内容

A. 外观检查：对焊缝表面咬边、夹渣、气孔、裂纹等进行检查，这些缺陷采用肉眼或低倍放大镜就可以观察。

B. 致密性试验检查：常用的致密性试验检验方法有液体盛装试漏、气密性试验、氨气试验、煤油试漏、氦气试验、真空箱试验。

C. 强度试验检查：强度试验检查分为液压强度试验和气压强度试验两种，其中，液压强度试验常以水为介质进行，对试验压力也有一定的要求，通常试验压力为设计压力的1.25 ~ 1.5倍。

4.3.2 单层钢结构安装

◎**工作难点1：** 预埋螺栓（件）安装精度不符合要求（图4-3-8）。

图4-3-8 预埋螺栓（件）偏差较大

解析

预埋螺栓（件）是连接上部结构和基础的重要部件，如果安装偏差太大，则会产生过大的应力，这会影响结构的正常使用和使用时间。

（1）应符合以下规定

① 建筑物定位轴线、基础上柱的定位轴线和标高应满足设计要求。当设计无要求时应符合表4-3-4的规定。

建筑物定位轴线、基础上柱的定位轴线和标高的允许偏差（mm）　　表4-3-4

项目	允许偏差	图例
建筑物定位轴线	$l/20000$，且不应大于3.0	

续表

项目	允许偏差	图例
基础上柱的定位轴线	1.0	
基础上柱底标高	±3.0	

② 基础顶面直接作为柱的支承面或以基础顶面预埋钢板或支座作为柱的支承面时，其支承面、地脚螺栓（锚栓）位置的允许偏差应符合表4-3-5的规定。

支承面、地脚螺栓（锚栓）位置的允许偏差（mm）　　　　　表4-3-5

项目		允许偏差
支撑面	标高	±3.0
	水平度	L/1000
地脚螺栓（锚栓）	螺栓中心偏移	5.0
	预留孔中心偏移	10.0

③ 地脚螺栓（锚栓）规格、位置及紧固应满足设计要求，地脚螺栓（锚栓）的螺纹应有保护措施。地脚螺栓（锚栓）尺寸的允许偏差应符合表4-3-6的规定。

地脚螺栓（锚栓）尺寸的允许偏差（mm）　　　　　表4-3-6

螺栓（锚栓）直径	项目	
	螺栓（锚栓）外露长度	螺栓（锚栓）螺纹长度
d ≤ 30	0 +1.2d	0 +1.2d
d > 30	0 +1.0d	0 +1.0d

（2）正确做法

① 为保证预埋件的埋设精度，首先将预埋件上的锚栓按图纸设计尺寸固定在开好孔眼的钢板上，在钢板下方进行固定。

② 测设好预埋件中心线并在基面做出标记，作为安放预埋件的定位依据，使预埋件轴线与基面中心线精确对正，安装过程中测量跟踪校正。

③ 锚栓校正合格后，对其进行固定（固定于土建钢筋上），在浇筑混凝土的

过程中进行全过程的测量监控，防止混凝土振捣时影响锚栓移位。锚栓栓牙用锚栓栓牙保护套防护，防止在施工中损坏丝口。

④ 锚栓的精度关系到预埋件定位，预埋件的定位影响钢结构安装定位，锚栓的埋设须多种专业共同协作保证精度。

⑤ 在预埋件锚栓安装前，将平面控制网的每一条轴线投测到基础面上，全部闭合，以保证锚栓的安装精度。

⑥ 根据平面布置图的预埋件型号，将锚栓对应放入柱基上的锚栓定位板上，此时，锚栓借助于柱基上的轴线标记，纵向方向可任意移动，直到对中为止。

⑦ 经测量检查轴线无误后，应对锚栓整体进行临时固定。

◎ **工作难点2：钢柱垂直度不符合要求。**

解析

钢柱安装后垂直度偏差超过规范允许值，除对本身结构承受的压力强度有影响外，还会影响其他构件的安装，易引发钢结构建筑工程质量问题。

（1）应符合以下规定

钢柱安装的允许偏差应符合《钢结构工程施工质量验收标准》GB 50205—2020中的相关规定，参见表4-3-7。

钢柱安装的允许偏差（mm）　　　　　　　　　　表4-3-7

项目		允许偏差	图例	检验方法
柱脚底座中心线对定位轴线的偏移 Δ		5.0		用吊线和钢尺等实测
柱子定位轴线 Δ		1.0		—
柱基准点标高	有吊车梁的柱	+3.0 -5.0		用水准仪等实测
	无吊车梁的柱	+5.0 -8.0		

续表

项目	允许偏差		图例	检验方法
弯曲矢高	$H/1200$，且不大于 15.0		—	用经纬仪或拉线和钢尺等实测
柱轴线垂直度	单层柱	$H/1000$，且不大于 25.0		用经纬仪或吊线和钢尺等实测
	单节柱	$H/1000$，且不大于 10.0		用经纬仪或吊线和钢尺等实测
	多层柱			
	柱全高	35.0		
钢柱安装偏差	3.0			用钢尺等实测
同一层柱的各柱顶高度差 Δ	5.0			用全站仪、水准仪等实测

（2）正确做法（图 4-3-9 ~ 图 4-3-10）

① 吊装前的现场准备

A. 据安装顺序的要求，在吊装前应将所需的钢结构构件运至现场，钢结构卸货点要靠近安装位置，并放在垫木上，尽量不要叠放。

B. 钢柱吊装前，应对基础的地脚螺栓用锥形防护套进行保护，防止螺纹损伤。

② 钢柱吊装

A. 为了防止柱子根部在起吊过程中变形，钢柱吊装一般采用两种方法：一种方法是利用双机抬吊；另一种方法是把柱子根部用垫木填高，用一台起重机吊装。

B. 为了保证吊装时索具安全，吊装钢柱时应设置吊耳，吊耳应基本通过柱子重心的铅垂线。

C. 吊点设在柱顶处，柱身垂直，柱身竖直，吊点通过柱子的重心，易于起吊、对线和校正。

③ 钢柱完成安装后

A. 条件具备时，应采用经纬仪和钢尺进行检测，将经纬仪安置在便于操作和观察的地点，对钢结构指定构件的垂直度进行检测。

B. 条件不具备时，应采用吊线、拉线和钢尺进行检测。

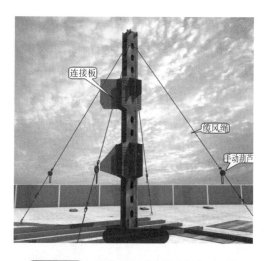

图 4-3-9　拉缆风绳对立柱进行临时固定

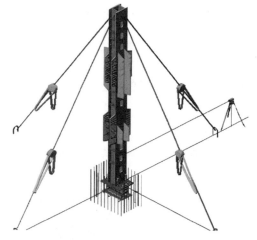

图 4-3-10　经纬仪测量钢柱垂直度

◎ **工作难点3**：*螺栓孔错位，随意扩孔*（图 4-3-11～图 4-3-12）。

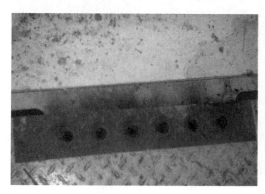

图 4-3-11　螺栓连接孔错位

图 4-3-12　连接孔错位，随意扩孔

解析

螺栓连接是靠连接件接触面间的摩擦力来阻止其相互滑移的，而螺栓孔错位，随意扩孔的现象将会影响接触面的摩擦力，并发生应力集中的现象，会对结构安全产生较大危害。

（1）应符合以下规定

高强度螺栓应自由传入螺栓孔，传入方向应便于操作，并力求一致。高强度螺栓孔严禁采用切割扩孔，扩孔数量应征得设计同意，扩孔后的孔径不应超过1.2倍螺栓直径。

（2）正确做法

安装高强度螺栓时，施工人员严禁强行穿入螺栓（此处指锤击）。如果孔不能自由穿入，必须用铰刀修整孔。采用铰刀等机械方式扩孔，扩孔时铁屑不得掉入板层间，否则应在扩孔后将连接板拆开清理，重新安装。精加工后，孔的最大直径应小于螺栓直径的1.2倍。扩孔的数量应征得设计同意。扩孔后的孔径不应超过1.2倍螺栓直径。

◎**工作难点4**：高强度螺栓连接摩擦面外观不合格（图4-3-13～图4-3-14）。

图4-3-13　高强度螺栓孔毛刺未打磨

图4-3-14　高强度螺栓连接摩擦面有油漆污染

解析

摩擦面如有飞边、毛刺、焊疤等，在安装后将在摩擦面的接触面上产生间隙，高强度螺栓连接摩擦面的外观质量直接影响摩擦面连接接触的抗滑移系数，影响连接节点的强度。

（1）应符合以下规定

高强度螺栓连接摩擦面应保持干燥、整洁，不应有飞边、毛刺、焊接飞溅物、焊疤、养护铁皮、污垢等，除设计要求外，摩擦面不应涂漆。

（2）正确做法

高强度螺栓连接处的摩擦面可根据抗滑移系数的要求选择处理工艺，抗滑移系数必须满足设计要求。采用手工砂轮打磨时，打磨方向应与受力方向垂直，且打磨范围不小于螺栓孔径的4倍。

4.3.3 多层与高层钢结构安装

◎**工作难点1：** 柱基轴线偏差大。

解析

在钢结构工程施工安装过程中，由于柱基轴线偏差大，会导致柱安装轴线和支承标高出现超差，影响整个钢结构安装工程的质量。

（1）应符合以下规定

建筑物定位轴线、基础上柱的定位轴线和标高、地脚螺栓（锚栓）的规格和位置、地脚螺栓（锚栓）紧固应符合设计要求。当设计无要求时，应符合表4-3-8规定。检查数量：按柱基数抽查10%，且不应少于3个。检验方法：采用经纬仪、水准仪、全站仪和钢尺实测。

建筑物定位轴线、基础上柱的定位轴线和标高的允许偏差（mm） 表4-3-8

项目	允许偏差
建筑物定位轴线	$L/20000$，且不应大于3.0
基础上柱的定位轴线	1.0
基础上柱底标高	±3.0

（2）正确做法（图4-3-15～图4-3-16）

① 钢结构安装前，应对建筑物的定位轴线、平面封闭角、底层柱的位置线进行复查，合格后方能开始安装工作。

② 测量基准点由邻近城市坐标点引入，经复测后以此坐标作为该项目钢结构工程平面控制测量的依据。

③ 按照《工程测量标准》GB 50026—2020规定的四等平面控制网的精度要求（此精度能满足钢结构安装轴线的要求），在+0.00面上，运用全站仪放样，确定4～6个平面控制点。在施工过程中，做好控制点的保护，并定期进行检测。

④ 以邻近的一个水准点作为原始高程控制测量基准点，并选另一个水准点按二等水准测量要求进行联测。同样在+0.00的平面控制点中设定2个高程控制点。

⑤ 框架柱定位轴线的控制，应从地面控制轴线直接引上去，不得从下层柱的轴线引出。一般平面控制点的竖向传递可采用内控法。采用天顶准直仪（或激光经纬仪）方法进行引测，在新的施工层面上构成一个新的平面控制网，对此平面控制网进行测角、测边，并进行自由网平差和改化，以改化后的投测点作

为该层平面测量的依据。运用钢卷尺配合全站仪（或经纬仪），放出所有柱顶的轴线。

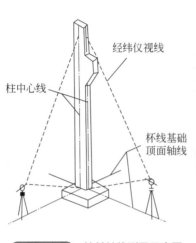

图4-3-15 柱基轴线测量示意图

图4-3-16 现场柱基轴线测量

◎**工作难点2：** 待安装构件几何尺寸偏差大（图4-3-17～图4-3-18）。

图4-3-17 屋面梁与钢柱牛腿连接处间隙严重超差

图4-3-18 屋面梁变形严重/未进行修复，强行吊装

解析

钢构件进场未对其主要尺寸进行复测，制作的一些尺寸偏差较大的构件流入安装，如无预先处理，会造成安装困难。运输或现场堆放支承点不当、绑扎方法不当，易造成钢构件变形，构件的变形不仅使得安装困难，若不采取正确的处理措施，将会直接影响建筑结构的安全。

（1）应符合以下规定

钢构件外形尺寸主控项目的允许偏差应符合表4-3-9的规定。

钢构件外形尺寸主控项目的允许偏差（mm）　　　　表4-3-9

项目	允许偏差
单层柱、梁、桁架受力支托（支承面）表面至第一安装孔距离	±1.0
多节柱铣平面至第一安装孔距离	±1.0
实腹梁两端最外侧安装孔距离	±3.0
构件连接处的截面几何尺寸	±3.0
柱、梁连接处的腹板中心线偏移	2.0
受压构件（杆件）弯曲矢高	$L/1000$，且不应大于10.0

（2）正确做法

钢构件应符合设计要求和规范的规定。运输、堆放和吊装等造成的钢构件变形及涂层脱落，应进行校正和修补。构件进场安装前应对钢构件主要安装尺寸进行复测，以保证安装工作顺利进行。安装现场构件堆放应有足够的支承面，堆放层次应视构件重量而定，每层构件的支点应在同一垂直线上。对几何尺寸超差和变形构件应校正，并经检查合格后才能进入安装。

◎**工作难点3**：柱间支撑安装不符合要求（图4-3-19～图4-3-20）。

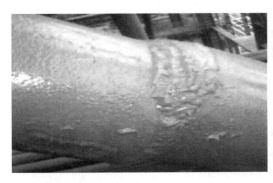

图4-3-19　柱间支撑节点安装错口严重

图4-3-20　柱间支撑与钢柱节点板的搭接长度不足

解析

柱间支撑的作用是保证结构骨架的整体稳定和纵向刚度，柱间支撑安装不合格，易引发钢结构建筑工程质量问题。

正确做法

柱间支撑主要用于增加结构侧向稳定，宜尽可能在地面上拼装成一定空间刚度单元后再进行吊装。对于规格大、重量大的支撑也可以采用单件吊装。钢构件进场后应进行尺寸复核，对变形超差的情况应及时处理，合格后才能安装。提高施工人员的质量意识及操作技能，加大检查的力度，可以有效避免不合格情况的发生。

◎ **工作难点4：钢结构总高度偏差不符合要求。**

解析

安装后的钢柱高度尺寸或相对位置标高尺寸超差，造成与其连接的构件安装、调整困难，校正难度很大，费工费时，有时校正过程中还会对构件造成损坏，影响钢结构建筑的整体结构安全。

（1）应符合以下规定

多层及高层钢结构安装时，楼层标高可采用相对标高或设计标高进行控制，并应符合下列规定：

① 当采用设计标高控制时，应以每节柱为单位进行柱标高调整，并应使每节柱的标高符合设计的要求。

② 建筑物总高度的允许偏差和同一层内各节柱的柱顶高度差，应符合现行国家标准《钢结构工程施工质量验收标准》GB 50205—2020的有关规定，如表4-3-10所示。

多层及高层钢结构主体结构总高度的允许偏差（mm）   表4-3-10

项目		允许偏差	图例
用相对标高控制安装		$\pm \sum (\Delta_h + \Delta_z + \Delta_w)$	H
用设计标高控制安装	单层	$H/1000$，且不应大于 20.0 $-H/1000$，且不应小于 −20.0	
	高度60m以下的多高层	$H/1000$，且不应大于 30.0 $-H/1000$，且不应小于 −30.0	
	高度60m至100m的高层	$H/1000$，且不应大于 50.0 $-H/1000$，且不应小于 −50.0	
	高度100m以上的高层	$H/1000$，且不应大于 100.0 $-H/1000$，且不应小于 −100.0	

注：Δ_h 为每节柱子长度的制造允许偏差；

Δ_z 为每节柱子长度受载荷后的压缩值；

Δ_w 为每节柱子接头焊缝的收缩值。

（2）正确做法

① 钢结构安装前，土建部门已做完基础，为确保钢结构安装质量，进场后首先要求土建部门提供建筑物轴线、标高及其轴线基准点、标高基准点，依此进行复测轴线及标高。

② 测量控制网的建立与传递

根据钢结构自身安装需要，建立轴线、标高控制点、控制网，并依据控制点、控制网进行放样。

③ 平面轴线控制点的竖向传递

A. 地下部分：一般高层钢结构工程中，均有地下部分1～6层，对地下部分可采用外控法。建立井字形控制点，组成一个平面控制格网，并测设出纵横轴线。

B. 地上部分：控制点的竖向传递采用内控法，投递仪器采用激光铅直仪。

④ 柱顶轴线（坐标）测量

利用传递上来的控制点，通过全站仪或经纬仪进行平面控制网放线，把轴线（坐标）放到柱顶上。

⑤ 悬吊钢尺传递标高

A. 利用标高控制点，采用水准仪和钢尺测量的方法引测。

B. 多层与高层钢结构工程一般用相对标高法进行测量控制。

4.3.4 网架结构

◎ **工作难点1：** 支座轴线和标高精度不符合要求。

解析

（1）应符合以下规定

钢网架、网壳结构及支座定位轴线和标高的允许偏差应符合表4-3-11的规定，支座锚栓的规格及紧固应满足设计要求。

定位轴线、基础上支座的定位轴线和标高的允许偏差（mm）　　表4-3-11

项目	允许偏差	图例
结构定位轴线	$l/20000$，且不大于3.0	

续表

项目	允许偏差	图例
基础上支座的定位轴线	1.0	
基础上支座底标高	±3.0	

（2）正确做法（图4-3-21～图4-3-22）

① 基础测量控制网、基础测量放线和找平所用仪器、量具等，精度应准确，使用前必须校核或经计量部门检定，发现问题及时调整，以防止失误或产生累积误差，造成轴线和标高超过允许偏差。

② 基础模板支设必须牢固，应有足够的强度和刚度。在浇筑混凝土下料和振捣时，要防止撞击模板，产生位移。在浇筑混凝土过程中，应定时用量具或吊线检查定位轴线、标高，如发现偏差，应停止浇筑、振捣，经加固调整排除后再进行。混凝土终凝前，基础混凝土表面应经二次抹压、找平。对预埋钢板或支座应经二次找正标高、水平度，并保证底部混凝土密实。基础支承柱钢板或支座应设置必要的固定装置，以保证位置和标高正确。

图4-3-21　网架安装

图4-3-22　支座标高测量

③ 基础纵横轴线及柱支承面钢板或支座标高、水平度产生超差时，应视偏差程度采取措施进行处理。当超差不严重时，可在柱安装时采用柱底座移位、扩孔、填塞垫板来解决。如超差严重，无法调整处理时，应会同有关部门研究，确定可行修正方案后，再进行处理。

◎ **工作难点2：** 螺栓球加工偏差过大（图4-3-23～图4-3-24）。

图 4-3-23　螺栓球尺寸加工错误　　　图 4-3-24　螺栓球编号缺失

解析

由于螺栓球的直径、圆度等偏差过大，会使网架小拼、中拼及安装超偏，使外形尺寸、轴线等达不到设计要求精度，影响网架受力性能，降低承载力。

（1）应符合以下规定

螺栓球加工应先做好工艺试验评定，确定合理工艺，精心操作，严格进行质量监控，其加工的允许偏差和检验方法应符合《钢结构工程施工质量验收标准》GB 50205—2020的规定，如表4-3-12所示。

螺栓球加工的允许偏差　　　　表 4-3-12

项目		允许偏差	检验方法
球直径	$D \leqslant 120\text{mm}$	+2.0mm −1.0mm	用卡尺和游标卡尺检查
	$D > 120\text{mm}$	+3.0mm −1.5mm	
球圆度	$D \leqslant 120\text{mm}$	1.5mm	用卡尺和游标卡尺检查
	$120\text{mm} < D \leqslant 250\text{mm}$	2.5mm	

续表

项目		允许偏差	检验方法
球圆度	$D > 250mm$	3.5mm	用卡尺和游标卡尺检查
同一轴线上两铣平面平行度	$D \leq 120mm$	0.2mm	用百分表 V 形块检查
	$D > 120mm$	0.3mm	
铣平面距球中心距离		±0.2mm	用游标卡尺检查
相邻两螺栓孔中心线夹角		±30′	用分度头检查
两铣平面与螺栓孔轴线垂直度		0.005r（mm）	用百分表检查

注：D 为螺栓球直径；r 为铣平面半径。

（2）正确做法

① 毛坯球主要检查是否有裂纹、氧化皮、球径的误差等。

② 铣面要保证套筒的接触面积。

③ 各球孔应保证统一指向球心，车床的三爪卡盘中心、钻头的钻芯以及工装的中心位置要对准。这需要经常在加工过程中进行核对。

④ 孔角度应符合设计要求。

◎**工作难点3**：拼装焊接质量不符合要求（图4-3-25～图4-3-26）。

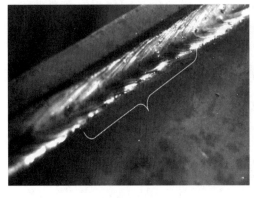

图 4-3-25　咬边

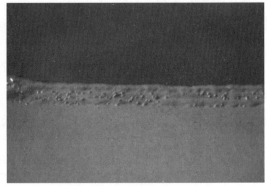

图 4-3-26　焊缝飞溅物未处理

解析

焊接是钢结构加工中一道非常关键的工序，在钢结构制作安装现场，焊接质量的好坏直接关系着钢结构的安全性和可靠性。因在焊接位置处所受到的应力最集中，如焊接质量差会直接影响钢结构的强度。

（1）应符合以下规定

网架结构组装与拼装中的对接焊缝应符合现行国家标准《钢结构工程施工质量验收标准》GB 50205—2020的规定。焊接球节点、成品球表面应光滑平整，不应有局部凸起或褶皱。螺栓球节点不得有裂纹。焊接节点的钢管杆件应预加焊接收缩量。总拼时应选择合理的焊接工艺顺序，以减少焊接变形和焊接应力。拼装与焊接顺序应从中间向两端或四周发展。

（2）正确做法

① 焊前检查：准备工作主要从人员配置、机械装置、焊接材料、焊接方法、焊接环境、焊接过程的检验六个方面进行控制。

② 焊接过程中检查

A. 焊接缺陷：尤其是采用多层焊焊接时，检查每层焊缝间是否存在裂纹、气孔、夹渣等缺陷，是否及时处理缺陷。

B. 焊接工艺：焊接过程是否严格按照焊接工艺指导书的要求进行操作，包括对焊接方法、焊接材料、焊接规范、焊接变形及温度控制等方面进行检查。

C. 焊接设备：在焊接过程中，焊接设备必须运行正常，例如焊接过程中的冷却装置、送丝机构等。

③ 焊后质量检查

A. 外观检查：对焊缝表面咬边、夹渣、气孔、裂纹等进行检查，这些缺陷采用肉眼或低倍放大镜就可以观察。

B. 致密性试验检查：常用的致密性试验检查方法有液体盛装试漏、气密性试验、氨气试验、煤油试漏、氦气试验、真空箱试验。

C. 强度试验检查：强度试验检查分为液压强度试验和气压强度试验两种，其中，液压强度试验常以水为介质进行，对试验压力也有一定的要求，通常试验压力为设计压力的1.25～1.5倍。

◎ **工作难点4**：*钢网架安装偏差不符合要求。*

解析

钢网架安装偏差会直接影响钢结构的强度、变形量和稳定性，对钢结构工程的施工质量和安全保障产生较大的破坏。

（1）应符合以下规定

钢网架、网壳结构安装完成后的允许偏差应符合表4-3-13的规定。检查数量：全数检查。检验方法：用钢尺、经纬仪和全站仪等实测。

钢网架、网壳结构安装的允许偏差（mm） 表4-3-13

项目	允许偏差
纵向、横向长度	±l/2000，且不超过±40.0
支座中心偏移	l/3000，且不大于30.0
周边支承网架、网壳相邻支座高差	l_1/400，且不大于15.0
多点支承网架、网壳相邻支座高差	l_1/800，且不大于30.0
支座最大高差	30.0

注：l 为纵向或横向长度；l_1 为相邻支座距离。

（2）正确做法（图4-3-27 ~ 图4-3-28）

① 根据施工方案，确定安装方法。

② 测量各柱间尺寸、柱顶标高。

③ 测放支座轴线和水平控制线，校核支座预埋件位置标高，安装支座。

④ 安装支座间水平连杆。

⑤ 组装小拼单元，将小拼单元组装为区段网格。

⑥ 调整网格尺寸，点焊固定支架，紧固杆端螺栓。

⑦ 重复上述操作，依次组装各区域网格并连成整体网格。

图4-3-27 组装小拼单元

图4-3-28 钢网架吊装

◎ **工作难点5：** 网架挠度值偏差大（图4-3-29）。

解析

网架架构在安装完毕以后，在使用过程中额外吊挂荷载，出现挠度增加，甚至出现超过规范规定的设计值1.15倍的情况，造成严重的安全隐患。

（1）应符合以下规定

钢网架、网壳结构总拼完成后及屋面工程完成后应分别测量其挠度值，且所测的挠度值不应超过相应荷载条件下挠度计算值的1.15倍。跨度24m及以下钢网架、网壳结构，测量下弦中央一点；跨度24m以上钢网架、网壳结构，测量下弦中央一点及各向下弦跨度的四等分点。检验方法：用钢尺、水准仪或全站仪实测。

图4-3-29 对网架挠度进行监测，挠度较大

（2）正确做法

① 在网架结构合拢处，都应设有足够刚度的支架，支架上装有螺旋千斤顶，用以调整网架挠度，经调整后的挠度值应小于设计的挠度值。

② 防止高空滑移安装挠度超差，应适当增大网架杆件断面，以增强其刚度。

③ 拼装时应增加网架施工的起拱数值。

④ 大型网架安装时，中间应设置滑道，以减少网架的跨度，增加其刚度。为避免在滑移过程中，因杆件内力改变而影响挠度值，应控制网架在滑移过程中的同步数值。必须在网架两端滑轨上标出尺寸，利用自整角机装置代替标尺。

4.3.5 索膜结构

◎ **工作难点1：** 膜片裁剪尺寸不符合要求（图4-3-30～图4-3-31）。

解析

膜片裁剪尺寸不符合要求，易引起膜片褶皱、撕裂等现象，从而影响施工质量。

（1）应符合以下规定

膜片裁剪尺寸应满足设计要求，膜片放样尺寸的允许偏差应为±1mm，膜片裁剪尺寸的允许偏差应为±2mm。

图4-3-30　膜片原材尺寸错误　　　　图4-3-31　膜片安装变形

热合成型后的膜单元，其外形尺寸应满足设计要求，外形尺寸的允许偏差应符合表4-3-14的规定。膜片搭接方向、热合缝宽度应满足设计要求，热合缝宽度允许偏差应为±2mm。

膜单元外形尺寸的允许偏差（mm）　　　表4-3-14

膜材	允许偏差
PTFE 膜材	±10
PVC 膜材	±10
ETFE 膜材	±5

（2）正确做法

① 进行裁剪前应验证膜材的生产批号、出厂合格证明及有关的复验合格报告。

② 裁剪膜片时，应避开原膜材的织造伤痕、纱结及其他瑕疵点。

③ 在裁剪作业中，不得发生折叠弯曲现象。

④ 裁剪操作应严格按照裁剪下料图进行。

⑤ 膜片的拼接应保证接缝的强度要求、防水要求。

⑥ 采用热融合法拼接应根据不同膜材类型确定热融合温度，并严格控制热融合中产生的收缩变形，确保膜片、膜面平整。

⑦ 在热融合加工时，不应让尘埃、垃圾等污物黏附在膜材料上。热融合部不得出现明显厚薄不均。

◎**工作难点2：** 膜面易产生褶皱。

解析

膜面褶皱，易造成膜面积水，从而影响膜面质量。

（1）应符合以下规定

① 膜面无明显褶皱，不得有渗漏现象，不得有积水。

② 膜面表面应无明显污染串色。

③ 膜结构安装完毕后，其外形和建筑观感应满足设计要求；膜面应平整美观，无存水、漏水、渗水现象。检查数量：全数检查。检查方法：观察检查。

（2）正确做法（图4-3-32）

① 从选材方面减少膜面褶皱，在设计方案的时候需考虑选取材料的力学性能，使材料达到设计要求而不至于使结构变形或破损。

② 从结构加工方面减少膜面褶皱，结构加工主要分为支撑结构加工和膜面的加工。

③ 从索具加工方面减少膜面褶皱，收集技术资料，算出索具的加工下料长度及编制出其加工工艺过程。索具的加工要保证其精度要求。

④ 从结构安装减少膜面褶皱，安装步骤为：校验钢架尺寸→焊接连接件→地面展膜连接配件→反叠膜片→吊装→打开膜片→张拉→定位→调整。

图4-3-32 有褶皱的区域进行局部张拉调节

4.3.6 压型金属板安装

◎**工作难点1：**金属板截面尺寸偏差不符合要求（图4-3-33）。

图4-3-33　压型金属板加工弯曲变形

（1）应符合以下规定

① 压型金属板成型后，其基板不应有裂纹。

② 有涂层、镀层压型金属板成型后，涂层、镀层不应有目视可见的裂纹、起皮、剥落和擦痕等缺陷。

③ 压型金属板成型后，表面应干净，不应有明显凹凸和皱褶。

④ 压型金属板尺寸的允许偏差应符合表4-3-15、表4-3-16的规定。

压型钢板制作的允许偏差（mm）　　　　表4-3-15

项目		允许偏差	
波高	截面高度≤70	±1.5	
	截面高度>70	±2.0	
覆盖宽度		搭接型	扣合型、咬合型
	截面高度≤70	+10.0 -2.0	+3.0 -2.0
	截面高度>70	+6.0 -2.0	+3.0 -2.0
板长		+9.0 0	

续表

项目	允许偏差
波距	±2.0
横向剪切偏差（沿截面全宽 b）	b/100 或 6.0
侧向弯曲　在测量长度 l_1 范围内	20.0

注：l_1 为测量长度，指板长扣除两端各 0.5m 后的实际长度（小于 10m）或扣除后任选 10m 的长度。

压型铝合金板制作的允许偏差（mm）　　　　表 4-3-16

项目		允许偏差	
波高		±3.0	
覆盖宽度		搭接型	扣合型、咬合型
		+10.0 -2.0	+3.0 -2.0
板长		+25.0 0	
波距		±3.0	
压型铝合金板边缘波浪高度	每米长度内	≤5.0	
压型铝合金板纵向弯曲	每米长度内（距端部 250mm 内除外）	≤5.0	
压型铝合金板侧向弯曲	每米长度内	≤4.0	
	任意 10m 长度内	≤20	

（2）正确做法

① 压型金属板及制作压型金属板所采用的原材料（基板、涂层板），其品种、规格、性能等应符合国家现行标准的规定并满足设计要求。

② 按照排板图编制轧制计划，复测骨架安装误差，核实后再进行轧制。

③ 压型金属板成型后，应对几何尺寸进行抽样检查。检查数量：每种规格抽查5%，不应少于10件。

◎**工作难点2：** 屋面、墙面压型金属板搭接长度不符合要求。

解析

屋面、墙面压型金属板搭接长度不够，易产生屋面漏水和漏风现象，并对结构的安全产生一定的隐患。

（1）应符合以下规定

屋面及墙面压型金属板的搭接长度应符合表4-3-17的要求。

屋面及墙面压型金属板在支承构件上的搭接长度（mm）　　表4-3-17

项目		搭接长度
屋面、墙面内层板		80
屋面外层板	屋面坡度≤10%	250
	屋面坡度>10%	200
墙面外层板		120

（2）正确做法（图4-3-34）

①屋面及墙面压型金属板的长度方向连接采用搭接连接时，搭接端应设置在支承构件（如檩条、墙梁等）上，并应与支承构件有可靠连接。当采用螺钉或铆钉固定搭接时，搭接部位应设置防水密封胶带。压型金属板长度方向的搭接长度应满足设计要求，且当采用焊接搭接时，压型金属板搭接长度不宜小于50mm；当采用直接搭接时，压型金属板搭接长度不宜小于表4-3-17规定的数值。

②组合楼板中压型钢板侧向在钢梁上的搭接长度不应小于25mm，在设有预埋件的混凝土梁或砌体墙上的搭接长度不应小于50mm；压型钢板铺设末端距钢梁上翼缘或预埋件边不大于200mm时，可用收边板收头。

图4-3-34　屋面金属板搭接节点图

◎**工作难点3**：固定支架安装偏差不符合要求。

解析

（1）应符合以下规定

① 压型金属板用固定支架应无变形，表面平整光滑，无裂纹、损伤、锈蚀。检查数量：按照检验批或每批进场数量抽取5%检查。检验方法：尺量和观察检查。

② 固定支架数量、间距应满足设计要求，紧固件固定应牢固、可靠，与支承结构应密贴。检查数量：按固定支架数抽查5%，且不得少于20处。检验方法：观察或用小锤敲击检查。

③ 固定支架安装后应无松动、破损、变形，表面无杂物。检查数量：按固定支架数抽查5%，且不得少于20处。检验方法：观察检查。

④ 固定支架安装允许偏差应符合表4-3-18的规定。

固定支架安装允许偏差 表4-3-18

序号	项目	允许偏差
1	沿板长方向，相邻固定支架横向偏差 Δ_1	±2.0mm
2	沿板宽方向，相邻固定支架纵向偏差 Δ_2	±5.0mm
3	沿板宽方向，相邻固定支架横向间距偏差 Δ_3	+3.0mm −2.0mm
4	相邻固定支架高度偏差 Δ_4	±4.0mm
5	固定支架纵向倾角 θ_1	±1.0°
6	固定支架横向倾角 θ_2	±1.0°

（2）正确做法（图4-3-35）

在安装墙板和屋面板时，压型板轴线应保持平直。

① 屋面上施工时，应采用安全绳、安全网等措施。

② 安装前屋面板应擦干，操作时施工人员应穿胶底鞋。搬运薄板时应戴手套，板边要有防护措施。

③ 不得在不固定牢靠的屋面板上行走。

④ 面板的接缝方向应避开主要视角。当主风向明显时，应将屋面板搭接边朝向下风向。

⑤ 屋面板搭接处均应设置胶条，纵横方向搭接边设置的胶条应连续，胶条本身应拼接，檐口的搭接边除了胶条处尚应设置与压型钢板剖面相配的堵头。

⑥ 压型钢板应自屋面或墙面的一端开始依序铺设，应边铺设、边调整位置、

边加固。

⑦ 在压型钢板屋面、墙面上开洞时，必须核实其尺寸和位置，可安装压型钢板后再开洞，也可先在压型钢板上开洞，然后再安装。

图 4-3-35　固定支架安装检查

4.3.7　防腐涂料涂装

◎ **工作难点1：** 除锈质量不符合要求（图 4-3-36～图 4-3-37）。

图 4-3-36　表面有大面积氧化铁皮

图 4-3-37　漆膜返锈、翘皮

解析

除锈和涂装质量的合格与否直接影响钢结构今后使用期间的维护费用，还影响钢结构工程的使用寿命、结构安全及发生火灾时的耐火时间（防火涂装）。

（1）应符合以下规定

涂装前钢材表面除锈等级应满足设计要求并符合国家现行标准的规定。处理后的钢材表面不应有焊渣、焊疤、灰尘、油污、水和毛刺等。当设计无要求时，钢材表面除锈等级应符合表4-3-19的规定。

经除锈检查合格后的钢材，必须在表面返锈前涂完第一遍防锈底漆。若涂漆前已返锈，则须重新除锈。涂料、涂层遍数、涂层厚度均应符合设计要求。

各种底漆或防锈漆要求最低的除锈等级　　　　　　　　　　　　　表 4-3-19

涂料品种	除锈等级
油性酚醛、醇酸等底漆或防锈漆	St3
高氯化聚乙烯、氯化橡胶、氯磺化聚乙烯、环氧树脂、聚氨酯等底漆或防锈漆	Sa2$\frac{1}{2}$
无机富锌、有机硅、过氯乙烯等底漆	Sa2$\frac{1}{2}$

（2）正确做法

① 涂装前应严格按涂料产品除锈标准要求、设计要求和国家现行标准的规定进行除锈。

② 对残留的氧化皮应返工，重新做表面处理。

③ 经除锈检查合格后的钢材，必须在表面返锈前涂完第一遍防锈底漆。若涂漆前已返锈，则须重新除锈。

④ 涂料、涂层遍数、涂层厚度均应符合设计要求。

◎ **工作难点2：** 底漆涂装不符合要求。

解析

底漆含有防锈颜料，起钝化防锈作用，能提高对底材的附着力。底漆涂装若不合格，易加速腐蚀介质渗入，从而减弱涂层的防腐蚀能力，并削弱涂层与基体的附着力。

（1）应符合以下规定

涂层应均匀，无明显皱皮、流坠、针眼和气泡等。金属热喷涂涂层的外观应均匀一致，涂层不得有气孔、裸露母材的斑点、附着不牢的金属熔融颗粒、裂纹或影响使用寿命的其他缺陷。涂装完成后，构件的标志、标记和编号应清晰完整。

（2）正确做法（图4-3-38）

① 采用成品漆，涂刷前，应控制油漆的黏度、稠度、稀度，兑制时充分搅拌，使油漆色泽、黏度均匀一致。

② 刷第一层底漆时涂刷方向一致，接槎整齐。

③ 刷漆时采用勤沾、短刷，防止刷子带漆太多而流坠。

④ 待第一遍刷完后，应保持一定的时间间隙，防止第一遍未干就上第二遍，这样会使漆液流坠发皱，影响质量。

⑤ 底漆涂装后需4～8h后才能达到表干，表干前不涂装面漆。

图4-3-38 底漆涂装过程

◎ **工作难点3**：面漆涂装出现色差、皱皮等现象。

（1）应符合以下规定

与底漆涂装标准规范要求一致。

（2）正确做法（图4-3-39～图4-3-40）

① 涂装面漆前须对钢结构表面进行清理，清除安装焊缝焊药，对烧去或碰去漆的构件，事先漆。

② 应选择颜色完全一致的面漆。面漆使用前充分搅拌，保持色泽均匀。其工作黏度、稠度应保证涂装时不流坠，不显刷纹。

图4-3-39 面漆涂装过程

图4-3-40 合格面漆涂装

③ 面漆在使用过程中不断搅拌，涂刷的方法和方向与底漆相同。

④ 表面涂装施工时和施工后，应对涂装过的构件进行保护，防止飞扬尘土和其他杂物弄脏表面。

⑤ 涂装完后涂层颜色应一致，色泽鲜明、光亮，不起皱皮，不起疙瘩。

4.3.8 防火涂料涂装

◎**工作难点1：** 防火涂料易出现空鼓、开裂、乳突等现象（图4-3-41）。

图4-3-41 防火涂料开裂

解析

防火涂料出现空鼓、开裂、乳突等现象会直接影响建筑物使用寿命、结构安全和耐火时间。

（1）应符合以下规定

防火涂料不应有误涂、漏涂，涂层应闭合，无脱层、空鼓、明显凹陷、粉化松散和浮浆、乳突等缺陷。

（2）正确做法

① 应按防火涂料产品说明书的要求配套混合，按钢结构施工工艺规定厚度进行多道涂装。

② 在厚涂层上覆盖新涂层，应在厚涂层最小涂装间隔时间后进行。

③ 夏天高温下，涂装施工应避免暴晒，并注意保养。

④ 对表面局部裂纹宽度大于验收规范要求的涂层应进行返修。

⑤可用风动工具或手工工具将裂纹与周边区域涂层铲除，再分层多道进行修补涂装。

◎**工作难点2：防火涂料涂层厚度不符合要求。**

解析

如果钢结构防火涂料的厚度不按设计要求喷涂，则钢材的耐火极限无法满足消防要求，将严重影响建筑质量安全。

（1）应符合以下规定

膨胀型（超薄型、薄涂型）防火涂料、厚涂型防火涂料的涂层厚度及隔热性能应满足国家现行标准有关耐火极限的要求，且不应小于−200μm。当采用厚涂型防火涂料涂装时，80%及以上涂层面积应满足国家现行标准有关耐火极限的要求，且最薄处厚度不应低于设计要求的85%。

超薄型防火涂料涂层表面不应出现裂纹；薄涂型防火涂料涂层表面裂纹宽度不应大于0.5mm；厚涂型防火涂料涂层表面裂纹宽度不应大于1.0mm。

（2）正确做法（图4-3-42～图4-3-43）

①清理钢结构表面灰尘、油污等。

②检查钢结构构件表面油漆涂刷情况，并补充完好。

③根据图纸要求和施工现场情况，进行防火涂料喷涂。

④非膨胀型钢结构防火涂料喷涂厚度，一般根据图纸具体要求喷涂。

⑤膨胀型钢结构防火涂料一般根据图纸具体要求喷涂。

⑥喷涂过程中经常检测喷涂厚度，根据图纸要求喷涂至图纸要求厚度。

 图4-3-42 防火涂料施工过程

 图4-3-43 防火涂料厚度检测

◎ **工作难点3**：装修和焊接过程中易损坏防火涂料涂层（图4-3-44）。

解析

损坏防火涂料会直接影响涂料的使用效果和使用寿命，若损坏部位不及时修补，会造成损坏部位局部防火涂料掉落和起皮情况，将严重影响钢结构的安全性。

（1）应符合以下规定

当钢结构防火涂料施工可能会对其他施工部位造成污染，应采用覆盖塑料薄膜的方式，进行成品保护。

图4-3-44 施工过程中损坏钢结构防火涂料

（2）正确做法

① 对装修和焊接过程中已完成防火涂层涂装的部分，应及时采用薄膜进行遮蔽保护。

② 若防火涂层发生破损，应采用以下修补措施：

A. 对被撞击损坏的涂层，应对破损处予以清除，并对其四周边缘进行打磨，再按施工工艺要求重新涂刷。

B. 对被焊接损伤的涂层，应对损伤处进行打磨干净，补刷底漆后再涂刷防火涂料。

C.对出现开裂（开裂标准控制在0.1mm以内）现象的涂层，应予以清除，并对四周边缘进行打磨后，再按施工工艺要求重新涂刷防火涂料。

D.若涂层未被破坏，但表面被污染，应对表面进行清洁后再涂刷防火涂料。

创新篇

第5章 建筑结构工程技术创新

5.1 土方平衡利用无人机三维建模计算技术

5.1.1 技术背景

常规土方平衡计算土方工程量时,使用全站仪或者GPS进行场地高程测量,测量人员数据采集工作量大,且需要人工计算,其数据结果不精确。采用无人机三维建模技术,使用无人机航拍场貌,每小时能够完成50000m²数据采集,并可以根据模型图计算出土方工程量,具有操作简便、方便快捷、数据准确等优点。

5.1.2 技术简介

利用无人机航拍技术采集场地影像资料,将采集的影像数据导入三维实景建模工具中创建三维实景模型,同时将数据导入土方计算软件可进行土方工程量计算。主要技术流程为:使用无人机(控制软件DJI GS Pro)航拍采集影像;将采集的影像数据导入三维实景建模(PhotoScan)中创建三维模型,生成DEM(数字高程模型);将DEM数据转换为CSV格式,最后使用Revit的场地建模功能或者南方CASS软件进行工程量计算(图5-1-1~图5-1-2)。

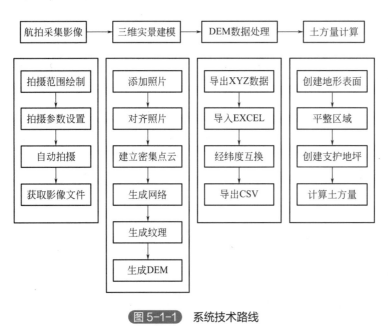

图5-1-1 系统技术路线

图 5-1-2　场地实景模型

5.1.3　优缺点分析及适用范围

本技术能够快速高效完成地形测绘工作，适用于各种地形的测绘或土方平衡计算。

5.2　绿色装配式边坡支护施工技术

5.2.1　技术背景

传统边坡防护采用钢筋网的喷混面层，受天气、作业条件、施工工艺的影响，施工时间长、效率低。绿色装配式边坡支护，主要由土钉、成品支护面层材料、连接件等组成，其面层由工厂化加工、现场快速安装、无须喷浆处理，有效提高了护坡实施进度。

5.2.2　技术简介

绿色装配式边坡支护施工技术，是按基坑支护设计要求分层土方开挖到规定标高后，对局部坡面进行修整，随后开始土钉施工，土钉成孔、制作安装及注浆工艺依次完成后，进行边坡装配式面层摊铺、接缝连接，并通过连接构件（$\phi6$普通钢丝绳）将钢花管在纵向与横向连接，花管外端头设置管口压板，通过丝扣与花管连接。为了防止坡顶坡底雨水渗透，须对坡顶和坡底进行翻边处理，最后进行泄水孔施工。支护面层主要由防水层、高分子层、加筋层等组成，由工厂加工制作，现场摊铺后采用尼龙绳缝合，施工速度快、不受天气影响、质量易于控制，绿色美观（图5-2-1～图5-2-2）。

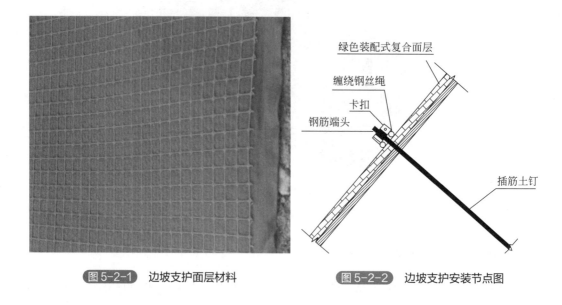

图5-2-1 边坡支护面层材料　　图5-2-2 边坡支护安装节点图

5.2.3 优缺点分析及适用范围

本技术材料面层由工厂化加工、现场快速安装、无须喷浆处理，有效提高了护坡实施进度，适用于包括黏土、（中砂、粗砂类）砂类土、岩性土等类型土，粉土、粉质黏土、细砂、粉砂等交互复杂类型土，填土、软土、湿陷性黄土等多种复杂特殊类土质的边坡支护工程。

5.3 预拌流态固化土施工技术

5.3.1 技术背景

对于施工场地受限、基坑肥槽狭窄的工程，肥槽土方回填无法分层夯实，施工质量难以保证。采用流态固化土新型填充材料，泵送浇筑至肥槽，经过养护形成具有一定强度的填充材料，能够有效解决狭窄肥槽回填质量无法保证的问题。

5.3.2 技术简介

预拌流态固化土是充分利用肥槽、基坑开挖后或者废弃的地基土，加入一定比例的固化剂、水泥、外加剂（膨胀剂、减水剂、高效速凝剂等）和水，搅拌成具有一定流动性的混合料。预拌流态固化土通过泵送浇筑方式填充至肥槽，由于其具有极强的流动性和自密性，可以将狭窄空间和异形结构空间的所有空隙填实。固化土是利用固化剂和水泥对土颗粒进行填充固结，因此具有一定的抗渗性。因回填方量一般较大，现场须安装小型搅拌设备，同时配备罐车将流态固化土倒运至现场地泵，通过泵管进行浇筑回填。

流态固化土坍落度控制在180～240mm，流动性强，可泵送浇筑，浇筑时无须振捣，可实现自密实回填；施工速度快、施工难度低、施工质量控制容易。根据试验，强度可在0.4～10.0MPa调整，12h完成初凝，24h完成终凝。养护完成的回填材料，结构密实，刚度较大。材料选择上，可充分利用工程弃土、钻渣废浆和固废集料。其采用自动化搅拌技术，与现有回填工艺相比，工艺简单、施工效率高、综合成本较低（图5-3-1）。

图5-3-1 预拌流态固化土

5.3.3 优缺点分析及适用范围

本技术能够有效解决狭窄肥槽回填质量无法保证的问题。本技术适用于基坑肥槽空间狭窄、回填深度较大、回填质量要求高、回填工期较长的回填工程。

5.4 工具式悬挂马道技术

5.4.1 技术背景

深基坑工程马道搭设传统采用扣件式或工具式脚手架落地搭设，由于马道立杆必须支撑在设计基底，常规只能待基坑开挖至设计基底后，再上人马道搭设，土方开挖过程中不方便人员上下基坑。工具式悬挂马道由构件单元组装而成，可随土方开挖进度逐层搭设投入使用，也可随地下结构施工进度逐层拆除，安拆便捷，搭设效果良好。

5.4.2 技术简介

工具式悬挂马道由锚固装置、三角托架、附墙装置和十字盘步梯组成,通过一对固定在冠梁顶的型钢三角托架连接形成整体,并将马道荷载通过锚固装置传递到支护混凝土结构上,构成工具式悬挂马道的主承力体系,采用附墙装置和支护结构拉结,保证马道的整体稳定性(图5-4-1 ~ 图5-4-2)。

图5-4-1 步梯单元拼装图

图5-4-2 三角托架总装图

5.4.3 优缺点分析及适用范围

悬挂马道存在安拆过程底部悬空、架体与基坑边坡连接不牢固等问题,可能存在坠落或倾覆风险。因此,方案选型时,需要对架体三角托架处基础的承载能力、架体与结构附着连接处的连接能力和架体整体稳定性进行受力验算。对于基础和附着承载力不足的,应局部加强支护桩结构和锚杆的施工参数,这需要在支护结构施工之前完成方案的确定。本技术适用于基坑支护为灌注桩或地下连续墙的工程。

5.5 桩基桩头环形千斤顶无损伤破除施工技术

5.5.1 技术背景

常规的桩头破除工艺是人工结合空压机和风镐直接进行破除作业,作业范围有限，作业效率低，外观差，桩头质量难以保证，而环形千斤顶无损伤破除施工技术能保证桩头破除精准、高效。

5.5.2 技术简介

环切法破桩头主要由环切工具、截断工具和吊装设备组成。预先在桩基钢筋上套管，破桩头前通过无齿锯在桩头设计位置进行环向开槽，剥离槽间混凝土形成保护带；在槽口位置开凿出四个对称的孔，便于液压设备打入截断混凝土，然后用吊装机械将其移开，人工对桩顶进行修整。预先环切，再加上千斤顶辅助，在有效保证桩顶质量的情况下，提高了破桩速度；施工成型效果好，精度较高（图5-5-1 ~ 图5-5-6）。

图5-5-1 钢筋套管

图5-5-2 环向切缝

图5-5-3 环向开槽

图5-5-4 液压机截断桩头

图5-5-5 桩头混凝土调离

图5-5-6 桩顶修整

5.5.3 优缺点分析及适用范围

环切法桩头破除工艺适用于各类型桩基，可以保证伸入承台部分的桩基的质量满足规范和设计的要求，并可以提高桩头破除作业效率。缺点是对工人的专业能力要求较高，要求其必须能够熟练地使用各类仪器和机械设备。

本技术适用于桩头破除。

5.6 工程桩自平衡检测施工技术

5.6.1 技术背景

随着大直径超长桩基在站房建设中的普遍运用，在检测其承载力时，由于场地狭小，堆载吨位大，致使传统的桩基静载试验无法开展。桩基自平衡测试技术相对于传统检测技术具有省时省地、经济、技术先进等优点，是一种很有发展前景的桩基测试技术。

5.6.2 技术简介

自平衡测桩法是在桩身平衡点位置安设荷载箱，通过沿垂直方向加载，即可同时测得荷载箱上、下部各自承载力。其主要装置是一种经特别设计用于加载的荷载箱，主要由顶盖、活塞、箱壁及底盖四部分构成。顶盖及底盖的外径略小于桩的外径，分别在其上布置位移棒。将荷载箱焊接于钢筋笼内形成一体下放桩孔，之后浇筑混凝土成桩。试验过程中，在地面通过油泵给荷载箱加载，荷载箱同时向上、下两侧发生位移，使得桩体内部产生加载力。通过对加载力与这些参数之间关系的计算和分析，不仅可以获得桩基承载力，而且可以获得每层土层的侧阻系数、桩的侧阻、桩端承力等一系列数据，这种方法可以为设计提供数据依据，也可用于工程桩承载力的检验（图5-6-1～图5-6-2）。

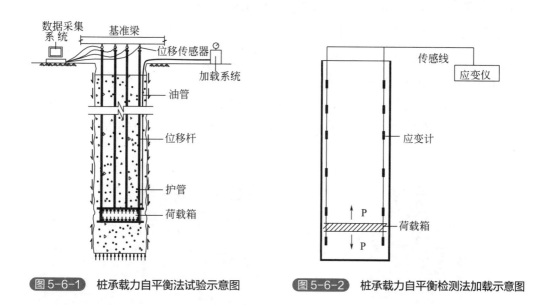

图5-6-1 桩承载力自平衡法试验示意图　　图5-6-2 桩承载力自平衡检测法加载示意图

5.6.3 优缺点分析及适用范围

桩基自平衡检测具有周期短、经济、节约场地等优点。同时在检测过程中也同样存在有缺陷的地方，荷载箱的前期设计与后期制作会对检测效果产生直接影响，且需要提前选定所要测试的桩基，同一批工程桩基检测工作相对来说会缺乏随机性。

本技术适用于大直径超长桩基承载力试验检测，对于设计承载力大、场地小、地质复杂的施工环境具有良好的推广与发展前景。

5.7 钢管桩安装垂直控制施工技术

5.7.1 技术背景

深基坑盖挖逆作大直径钢管柱施工传统工艺为采用人工定位安装或静压沉管机垂直插入，但其施工速度慢且垂直安装精度不能满足设计要求。为了解决钢管柱垂直安装精度问题，可采用HPE液压垂直插入机施工方法，配合桩柱一体化施工垂直度可视化监控系统，不但施工高效安全可靠，而且提高了钢管柱垂直安装施工质量。

5.7.2 技术简介

施工时将钢管柱垂直吊起到HPE液压插入机内,由液压插入机定位装置将钢管柱抱紧,复测钢管柱的垂直度,然后由上、下两个液压垂直插入装置同时或交叉驱动,通过其向下压力将钢管柱垂直向下插入钻孔灌注桩混凝土中(图5-7-1～图5-7-2)。

桩柱一体化施工垂直度可视化监控系统由传感器模块、数据采集模块、数据发送模块、数据接收模块、数据分析模块、监测终端六大部分组成。实施步骤为预制固定保护装置安装、传感器及数据采集模块安装、实时监控、回收链式传感器。

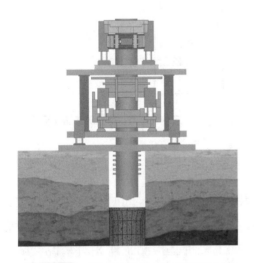

图5-7-1 HPE液压插入机下插BIM图

图5-7-2 HPE液压插入机下插实景图

5.7.3 优缺点分析及适用范围

HPE液压垂直插入机适用于盖挖逆作大直径钢管柱工程,桩柱一体化施工垂直度可视化监控系统适用于逆作法高精度工程,一般可满足垂直度为1/1000～1/800的精度要求。

5.8 工程桩钢筋笼机械加工施工技术

5.8.1 技术背景

桩基阶段施工过程中,工程桩钢筋笼外圈箍筋根据受力不同分为加密区与非加密区，传统工艺采用钢筋笼箍筋人力加工，但是其施工速度慢、人工成本高且加工的钢筋笼质量不稳定，给施工带来诸多不便。为了解决工程桩钢筋笼箍筋加工间距不均匀、质量不稳定的问题，现采用全自动钢筋笼滚笼机代替人力加工，不但操作简便高效，而且提高了工程桩钢筋笼加工质量。

5.8.2 技术简介

全自动钢筋笼滚笼机由滚笼支架、放线器、盘圆钢筋支架、布料轨道四部分组成，施工前设定好钢筋笼箍筋间距和自动运行的速度、转盘电机速度、行走电机速度等参数，将半成品钢筋笼放置在滚笼支架上，打开滚笼支架电机，将箍筋端头穿过放线器并焊接在一根主筋上，盘圆钢筋支架在钢筋笼转动的同时移动，将箍筋缠绕在钢筋笼主筋上，然后进行人工焊接，从而形成成品钢筋笼（图5-8-1～图5-8-2）。

图5-8-1 全自动钢筋笼滚笼机

图5-8-2 滚笼机作业

5.8.3 优缺点分析及适用范围

工程桩钢筋笼机械加工施工技术实现了钢筋笼加工的机械化和自动化，增强了钢筋笼成型质量，提高了施工效率。本技术适用于桥梁、桩基钢筋笼的加工。

5.9 叠合板与铝模现浇板带一体化凹型衔接施工技术

5.9.1 技术背景

近年来，我国大力发展装配式建筑，其中叠合楼板是装配式建筑中主要的组成部分，具有集成化生产提质增效的优点。传统预制装配式叠合板施工时，叠合板之间有宽度为300mm的现浇混凝土板带，两侧叠合板安装拼接时底板易出现标高不一致的错台现象（高度2～3mm），后期在混凝土浇筑过程中易出现漏浆的情况，影响使用性能，增大了结构队伍后期的修补工程量，加大了装修施工过程中的安全隐患。为保证预制构件与后浇混凝土接槎部位的施工质量，采用叠合板与铝模现浇板带一体化凹型衔接施工技术，避免了支撑体系搭设完毕及叠合板安装完毕后，经常出现由于接面不严导致漏浆的情况，提高了施工效率，增强了施工质量。

5.9.2 技术简介

叠合板与铝模现浇板带一体化凹型衔接施工技术，将铝合金模板体系中板带模板和叠合板间现浇板带位置进行深化处理，在铝合金模板上设置一道同企口高度的塑料板，使叠合板下口与铝合金模板结合严密，成功避免了叠合板施工过程中漏浆的问题。通过对铝合金模板及现浇板带进行深化研究和应用，解决了因结构问题对后期装修施工过程产生的隐患，减少了后期工程的修补工作量，确保了施工质量和施工安全（图5-9-1～图5-9-2）。

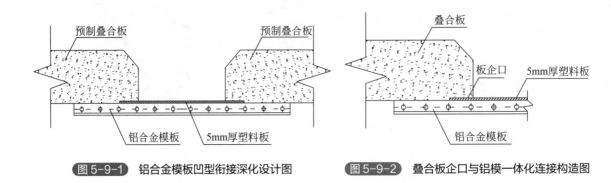

图5-9-1 铝合金模板凹型衔接深化设计图　　图5-9-2 叠合板企口与铝模一体化连接构造图

5.9.3 优缺点分析及适用范围

预制叠合板在装配就位后容易出现下沉、标高不一的问题，在铝合金模板加工过程中预留下沉量，预留了企口，没有深化企口空间，导致模板支撑体系搭设完毕及叠合板安装完毕后，容易出现接触不严的情况。

依据模板体系受力，进行铝合金模板深化设计并加工，在铝合金模板上设置一道同企口高度的5mm厚塑料板。

本技术适用于主体工程住宅楼一层以上除屋面板以外的各层楼板。

5.10 塔式起重机自平衡及垂直度观测施工技术

5.10.1 技术背景

传统固定形式配重塔式起重机使用过程中无法时刻保持自平衡状态，会加速螺栓松动，产生金属构件弹性变形和疲劳等不利影响，同时通过仪器目镜观测塔式起重机标准节外壁偏差的垂直度测量方法，无法精确读取实际数据。自平衡塔式起重机通过微电脑监测力矩变化并控制平衡配重在平衡臂端行走，使整个塔式起重机实时处于平衡状态，同时利用激光束及定位板装置，对塔式起重机垂直度进行快速准确测量。

5.10.2 技术简介

在塔式起重机平衡臂端设置行走轨道，在原来的结构上增加平衡配重行走小车和行走电机，同时在平衡臂、起重臂根部增加力矩传感器，塔式起重机司机操作室增加微电脑，通过微电脑实时监测平衡力矩与起重力矩变化数据，并控制平衡臂端平衡电机运转，平衡配重在平衡臂端行走使得平衡力距发生相应变化，从而使得平衡臂端力矩与起重臂端力矩相等，使得塔式起重机自动达到实时平衡状态。同时在塔式起重机上增加激光束发射装置，使其始终向地面垂直发射出激光束，在地面上设置有能被激光束照射到的定位板，在定位板上设置标有刻度的 XOY 坐标系，当塔式起重机的垂直度符合设计要求时，XOY 坐标系中的原点 O 与激光束照射到定位板上的位置重合（图 5-10-1 ~ 图 5-10-2）。

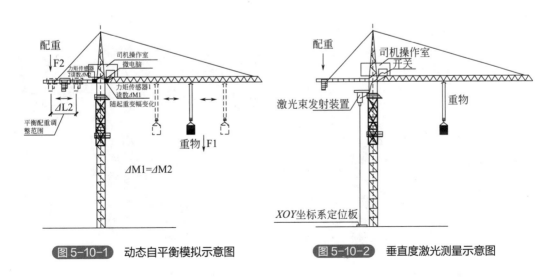

图 5-10-1　动态自平衡模拟示意图　　图 5-10-2　垂直度激光测量示意图

5.10.3 优缺点分析及适用范围

塔式起重机自平衡及垂直度观测施工技术在较大程度上解决了传统塔式起重机因稳定性差,或垂直度观测不便、不准确等问题带来的安全风险,也为未来更高安全性的塔式起重机应用提供了技术支持,但相比于传统塔式起重机,本机械部件更为复杂,机械费用价格更高,因此需要结合工程安全风险要求及经济费用指标进行整体考虑。

本技术适用于需要采用塔式起重机作为材料倒运机械,同时对于安全风险有较高要求的各种施工项目。

5.11 桥梁墩柱盖梁穿心棒支撑施工技术

5.11.1 技术背景

桥梁盖梁施工最为常见的施工工艺为满堂支架法,须进行基础处理。而采用穿心棒法支撑体系,结构受力明确、可操作性强,节省钢管地基处理等材料,大大降低施工成本。

5.11.2 技术简介

桥梁盖梁穿心棒法是在墩柱距盖梁底固定高度预留孔洞,将实心钢棒穿预留洞中,以实心棒为受力支点形成支架体系,自下而上搭设穿心棒、千斤顶、主梁、次梁(图5-11-1～图5-11-2)。

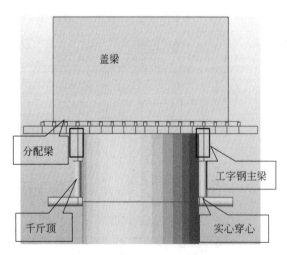

图5-11-1 支撑体系剖面示意图

图5-11-2 千斤顶安装效果图

5.11.3 优缺点分析及适用范围

桥梁盖梁穿心棒法支撑体系施工结构简单、结构受力明确、安全可靠、易于操作；施工质量高、周期短；利用千斤顶调节盖梁底标高、坡度，不需砂筒等复杂调节装置，施工效率高；对各种形状墩柱盖梁可周转使用，大大降低工程措施成本。但千斤顶与穿心钢棒受力过程中容易失稳导致主梁倾覆。因此须对受力点进行加固，保证千斤顶稳固。

本技术适用满堂支架搭设施工条件受限，满堂支架地基预处理难度大，地基无法满足承载力要求的桥梁盖梁施工。穿心棒法支撑体系适用于各种形状桥梁盖梁支撑体系施工，可长期周转使用，支撑体系中所用材料亦可采用租赁的方式获得，大大降低了施工成本。

5.12 钢筋锚固板施工技术

5.12.1 技术背景

对于地下室结构、劲性结构等梁柱节点钢筋密集部位，大量弯锚钢筋会造成梁柱端头钢筋密集，容易出现钢筋安装困难、混凝土浇筑振捣不密实等问题。采用钢筋锚固板施工技术，可以减少钢筋端部锚固段长度，利于工程结构施工。

5.12.2 技术简介

钢筋锚固板施工技术是将锚固板通过螺纹与钢筋端部相连而形成锚固装置，其作用机理为：钢筋的锚固力全部由锚固板承担或由锚固板和钢筋的粘结力共同承担，从而减少钢筋的锚固长度，节省钢筋用量。在复杂节点采用钢筋机械锚固技术还可简化钢筋工程施工，减少钢筋密集拥堵绑扎困难，提高节点受力性能，提高混凝土浇筑质量。该项技术的主要内容包括：部分锚固板钢筋的设计应用技术、全锚固板钢筋的设计应用技术、锚固板钢筋现场加工及安装技术等。详细技术内容见《钢筋锚固板应用技术规程》JGJ 256—2011（图5-12-1～图5-12-2）。

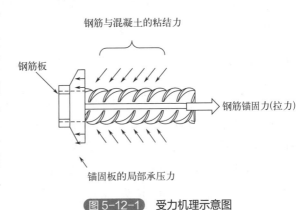

图5-12-1 受力机理示意图

图 5-12-2　钢筋锚固板安装图

5.12.3　优缺点分析及适用范围

本技术适用于混凝土结构中梁柱节点等位置钢筋密集部位的机械锚固,其应用经过设计单位核定同意后方可施工。

5.13　废旧木胶合板再生复合木方龙骨施工技术

5.13.1　技术背景

工程中的木胶合板在经过多次周转使用后,只能作为废料处理,不利于绿色施工。再生复合木方龙骨是对建筑工地废旧木胶合板的回收再利用,利用机械设备将废旧胶合板切割挤压包覆成可再次使用的龙骨,其物理性能满足模板安装要求。复合龙骨可根据工程需求定制加工,并已经在多个工程中使用,其经济效益良好,具有一定的推广价值。

5.13.2　技术简介

再生复合木方龙骨通过回收建筑工程废旧胶合板,采用高分子复合带与高强度涤纶纱线通过连续挤压包覆工艺预制成型。其中设备主机是再生木方的主要生产设备,由挤塑机、磨头、冷却台、牵引及尾锯组成,冷却台可为成品进行降温及压制花纹,从而使产品美观和防滑,尾锯可根据客户需求定制任意长度,减少施工中乱裁切造成的浪费,实现了"资源—产品—废弃物—再生资源"循环经济产业生态化发展。通过本技术生产的再生龙骨,经试验测得其抗弯弹性模量为4074MPa，极限抗弯强度为4.02MPa，极限抗剪强度为5.09MPa（图5-13-1 ~ 图5-13-3）。

图5-13-1　木方加工设备

图5-13-2　成品效果图

图5-13-3　应用案例

5.13.3　优缺点分析及适用范围

复合木方龙骨适用于模板支撑体系中次龙骨的应用，其模板支撑体系设计须根据试验确定的参数经过受力验算确定。复合木方龙骨不建议在高大模板支撑体系中使用。

5.14　混凝土自动化喷淋养护施工技术

5.14.1　技术背景

传统的混凝土构件养护方式为人工拉管引水进行逐点浇水，存在施工效率低下、浇水养护不均匀、浇水时间和次数间隔易受施工人员主观意愿影响等问题，混凝土养护效果不佳。采用自动化喷淋养护系统可有效解决上述问题，该系统能够提升混凝土构件养护的质量，提高施工效率，节约人工成本。

5.14.2　技术简介

混凝土构件自动化喷淋养护施工技术即采用水管连接喷淋器在需要养护的混凝土构件上进行排布，并通过智能定时自启开闭阀操控水流，最终建立一个喷淋控制系统。该系统可以在智能定时自启开闭阀中设定喷淋时间、喷淋时长、喷淋方式（旋喷、直喷），在无须人工辅助的情况下可实现按设定的时间点进行自动化的喷淋养护。在水压达标且稳定的情况下，单个喷淋器喷淋半径最大可达到4m，喷淋器采用井字形均匀布设，为避免出现喷淋盲区，喷淋应存在相互交叉范围，智能定时自启开闭也可与手机通过专用APP进行连接设置参数，实现整体自动控制喷淋操作（图5-14-1～图5-14-3）。

图5-14-1　喷淋控制系统　　　图5-14-2　自动化喷淋　　　图5-14-3　应用场景

5.14.3　优缺点分析及适用范围

本技术适用于混凝土构件表面的喷淋养护施工。

5.15　构造柱腰梁免支模施工技术

5.15.1　技术背景

砌体结构施工过程中，构造柱、圈梁的施工需要安装模板，其工序烦琐，施工速度慢，且成型质量不易控制。采用空心预制块技术，不需要支设模板，空心预制块直接随砌体结构同步施工，混凝土直接浇筑于空心预制块内，可以降低造价，加快施工进度。

5.15.2　技术简介

预制空心砌块高度根据实际需求定制，一般为200mm或300mm高；当采用预制空心砌块作为圈梁模板时，将空心砌块开口向上，在空心砌块内部绑扎钢筋、浇筑混凝土；当采用预制空心砌块作为构造柱模板时，将空心砌块竖向砌筑，空心砌块开口向砌体墙方向，交错布置，砌筑完成后浇筑混凝土（图5-15-1～图5-15-2）。

图 5-15-1 免支模圈梁安装图

图 5-15-2 免支模构造柱安装排布图

5.15.3 优缺点分析及适用范围

预制空心块的应用对工程的技术和质量管理方面提出更高的管理要求。技术方面，需要在施工前绘制砌体排布图，确定预制空心块尺寸及规格，预制空心砌块应与砌体的模数、规格对应；质量方面，需要控制混凝土的浇筑质量，确保构造柱空心块内混凝土浇筑密实。本技术适用于砌体工程中腰梁及构造柱施工。